愛鳥のための手づくり飼育グッズ

DIYでうちの子にぴったり
鳥が快適・幸せに暮らせる

はじめに

ペットとして飼われている鳥は、飼い主を選ぶことができません。

鳥を飼っているみなさんは、この当たり前のことを普段から意識されていますか？　鳥にとって「良い環境」とはどんな環境でしょうか？　私たち人間と暮らしているコンパニオンバードは、野生のインコ・オウムとは違います。鳥が野生ではなく人間と暮らすということを鳥の立場から考えて、環境などに配慮する必要があると思います。

筆者宅には2羽のセキセイインコがいます。1羽は、ぴぃちゃんというルチノー（2011年生まれ）。彼は、家の近所のホームセンターで売れ残っていた子でした。私にとっては子供の頃の文鳥以来、数十年ぶりの鳥のお迎えです。最新の飼育本などを読み、その通りにやってみましたが、彼の要求は違っていました。

ぴぃちゃんをお迎えして数週間後、飛行能力の高い彼のために、小さいケージから大きいケージに切り替えました。その時に「ＤＩＹ」でつくったものがあります。100均で売っていたワインラックを利用した3階建ての小型プレイジムです。彼は毎日のようにこれを使用し、この本の原稿執筆中もパソコンのすぐ横に置いてあるこのプレイジムで、くつろぎのひと時を過ごしてくれています。彼は私に「小鳥といえども、これは自分のものという意識を持つ」ということを教えてくれました。

自分のクリエイター名を「ぴぃちゃん工房」としたのも、彼が私のモノづくり生活の中心である、と考えたからです。ぴぃちゃん工房のモノづくりでは、「愛鳥さんとのくつろぎのひと時に」というイメージを強く持っています。

もう1羽、おもちという名のハルクイン(2007年生まれ)がいます。NPO法人TSUBASAから里親としてお迎えしました。彼女は過発情で、施設在籍中は職員さんを散々困らせていましたが、我が家に来てからは産卵も止まり、安定して過ごしてくれています。しかし、高齢のため寒さに弱く脚の握力もほとんどないため、生活環境には工夫が必要になりました。この本の後半、特に保温の方法などは、彼女の生活環境を快適にするために試行錯誤してきた内容が活かされています。

生き物の体調は数字などで表せるものではなく、具体的にそれぞれの個体に合わせた細かい工夫や調整が必要となります。まったく同じ条件、とはいきませんが、おもちと同じように脚が悪かったり、安定した保温環境が必要な鳥と飼い主さんにとって、何かのヒントをお渡しできればと思いながら執筆しました。

また、鳥の性格や体調、飼い主との関係性や住環境など状況に合わせて、モノづくりを楽しんでいただければと思います。この本を手に取ってくださった飼い主さんと愛鳥さんの生活を安全で快適にするお手伝いができれば幸いです。

武田　毅

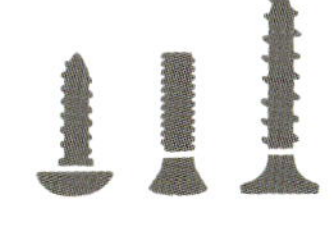

CONTENTS

DIY上級編 ……… 74

日常のケアと看護・防災 ……… 94

CONTENTS

\Column/

鳥さんが喜ぶひと手間

Let's try !!　DIYこだわり工房

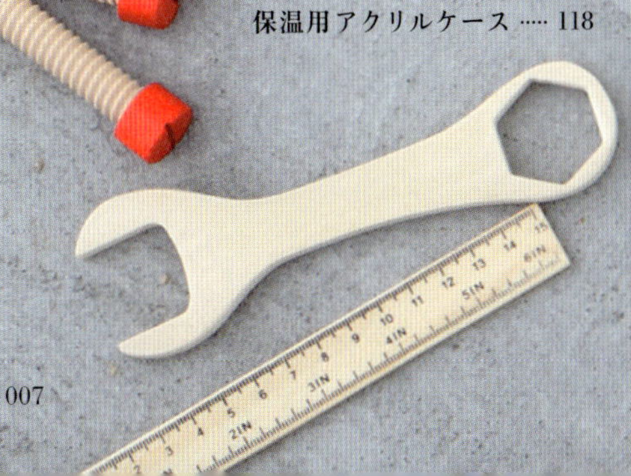

DIYとは何か？

DIYとは、Do It Yourselfという意味で、日曜大工では、自分で製作したり、改造や修繕をしたりすることを指します。「自分のイメージに合うものをつくりたい」、「費用を節約するために挑戦したい」など、にDIYにチャレンジするきっかけは様々だと思います。

本書では、鳥達が使うもののつくり方をご紹介します。ここで気をつけなければならないことは、鳥は、私達人間のように「注意して使う」ということができません。ですので、材料の安全性や品質にこだわる必要があり、ご自身で納得のいくものをつくるには、市販品の購入より、もしかしたら費用がかかることもあります。また、より強度があるもの、大きなものをつくるには、それなりに高性能な工具が必要になってきます。

しかし、飼い主が愛鳥のためにつくったものは、世界に1つだけのものとなり、愛鳥にとっても特別なものになるでしょう。「こんなのがあったらいいな」、「自分の鳥に合ったサイズのものが売っていない」、そんな思いを抱いている方は、ぜひご自身でつくってみてください。

ホームセンターを活用しよう

「ホームセンター」という小売店舗があります。本書に載っている材料や道具は、天然木を除いてすべてホームセンターで購入したものを使用しています。

一般的には、日用品を安く購入できるお店、と思われがちですが、この本では、「材料・道具を購入する店舗」という意味で使っています。

店舗には実に様々な部材が販売されており、特に大規模な店舗でしたら一戸建てを建築できる位の品揃えとなっています。実際、現場で働く職人さん達もちょっとした材料や道工具はホームセンターで購入している場合もあります。特に「PRO（プロ）」と店名に表記がある場合は、品揃えが豊富です。
ホームセンターにも数種の店舗があり、お店によって品揃えが違っています。ある店は特に工具類の品揃えがよく、加工木材の品質がよかったり、またある店はおしゃれな変わった材料を豊富に置いているところもあります。樹脂材料の品揃えがよいなど、店舗によって個性があり、可能であれば使い分けをするとよいでしょう。
また、ホームセンターでは1個数円の部品でも、「それがないとできあがらない」ということをお店の店員さんもよく理解しています。小さな部品1つでもきちんと対応してくれますので、迷ったりわからない場合は遠慮なく店員さんに聞いてみてください。
また、大規模店舗では「工作室」を備えたお店もあり、広くて工具の貸し出しなどのある作業場を貸してくれる場合もあります。利用規約などはお店によって異なりますが、自宅で作業するより安全で効率よく作業ができます。ぜひ活用してみてください。

道具カタログ

まず、初心者が揃えておきたい基本の道具です。
この本のグッズをつくる時、
実際に使ったものです。

1
電動ドライバー

材料への穴開け加工をするのに使用する電動ドライバーです。用途や出力によって様々な種類があります。筆者使用の電動ドライバーは、DIY用ですが比較的出力が高く、ビット(先端工具)の選択の自由度が高いチャック式のものを愛用しています。

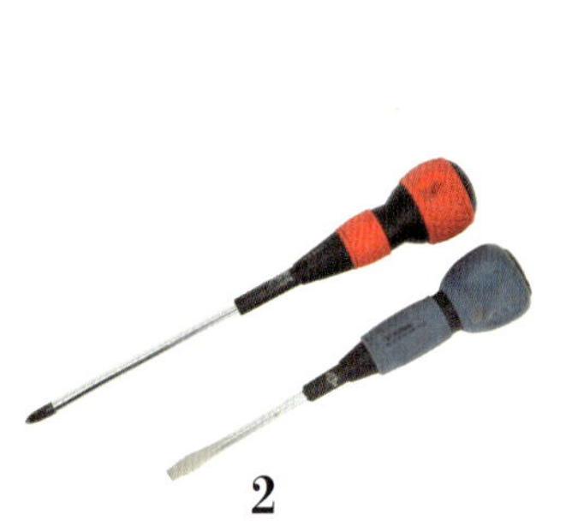

2
ドライバー

ネジなどを締める道具です。先端形状によって＋－があります。プラスドライバーは先端の十字形状の大きさによって種類があります。

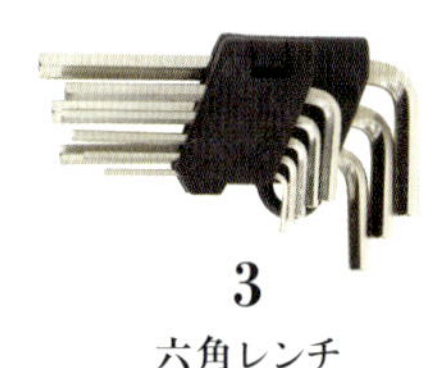

3
六角レンチ

本書ではオニメナットの締めつけに使用しています。使用するオニメナットの種類によってレンチの大きさが決まっています。セットものが1つあるととても便利です。

4
ノコギリ

従来のノコギリは、刃の形状によって縦引き(木目に沿って切る)と横引き(木目に対して横方向に切る)があります。
DIY用途では現在は万能タイプの刃が主流となっており、刃を交換できる物も多いです。

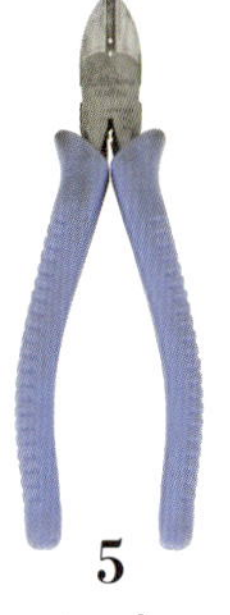

5
ニッパー

針金などを切断するための道具です。100円ショップの工具コーナーでもニッパーは販売されていますが、ステンレスの針金などを切断する場合は、強力なステンレス対応の素材のものが必要です。

6
カッター（小型ノコギリ）

カッターナイフの形状をした小型のノコギリです。割り箸やバルサ材、樹脂の小加工などに威力を発揮します。

9
樹脂用ドリル刃

樹脂材料への穴開けに適した先端形状をしているドリル刃です。貫通時にも材料に割れが発生しないドリル刃です。

8
木工用ドリル刃

木工材料の穴開け用のドリルの刃です。
大きな穴開けも綺麗に加工することができます。

7
ドリル刃(セット)

DIY向けのスタンダードサイズのドリル刃のセットが販売されています。筆者使用のものはチャック用の丸い形状ですが、電動ドライバーが六角ビットタイプの場合は、六角ビットのドリル刃を使用します。

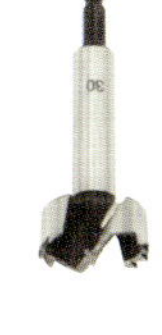

10
ボアビット

木材料に大きなサイズの穴開けをするための先端工具です。刃の部分の面積が大きいので、ボアビットを使用する場合は出力の高い電動ドライバーの使用をお勧めします。

14
モンキーレンチ

ボルトやナットの締結に使用します。
先端の寸法を変えられるので、様々なサイズのボルトやナットに対応できます。

11
ヤスリ

木材料を削るのに使用します。刃の粗さ、断面形状によって様々な種類があります。写真のヤスリは、片側が平面、片側が半円形状になっており、平らな仕上げの他、穴の中を削ることもできます。

12
紙ヤスリ

ペーパー形状のヤスリです。目の粗さによって種類(番手)があります。切断面の仕上げや、端部のバリ取りに使用します。

15
ラジオペンチ

先端が細い形状のペンチです。針金の曲げ加工等に使用します。

13
軸付ブラシ

電動ドライバーに取りつけて使用する金属製のブラシです。ボアビットで開けた穴の仕上げに使用します。

18
プライヤー

加工物を手で押さえるのに使用します。てこの原理で大きな力で押さえることができます。

17
クランプ

バイスを作業台に固定したり、加工物そのものを押さえるのに使用します。

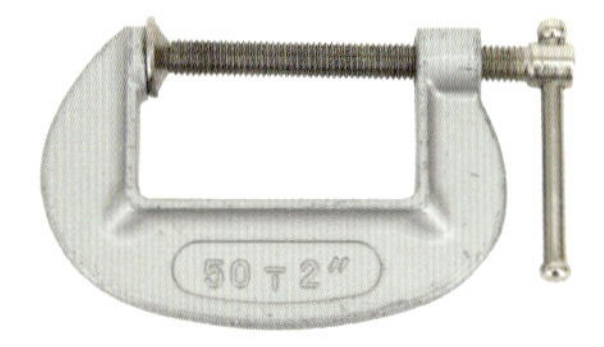

16
バイス

加工物を固定するのに使用します。

21
さしがね

寸法の測定、けがきに使用します。
垂直の測定もできます。

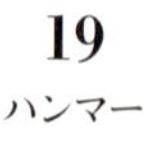

19
ハンマー

材料を打ち込んだり、叩いたりする場合に使用します。

22
プロトラクター

角度を測定、けがく時に使用します。

20
ノギス

各寸法の測定に使用します。
丸棒等の太さ、穴の内径、穴の深さなどを精密に測定できます。

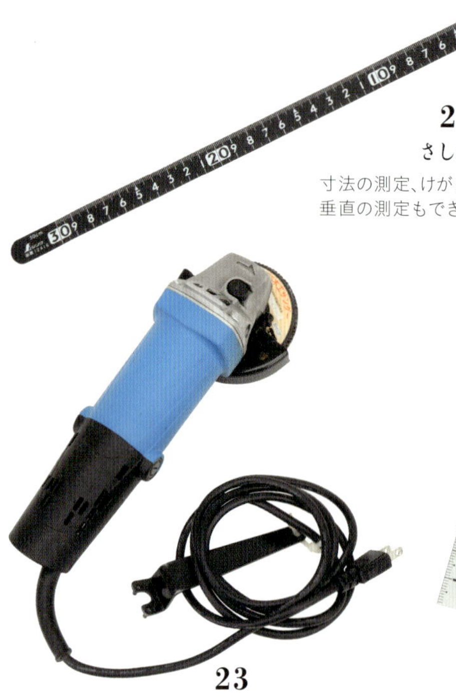

23
ディスクグラインダー

円盤形状の砥石を取りつけて使う電動工具です。本書では止まり木材料の皮むきに使用しています。
高速回転で大きな力の出る電動工具ですので、取り扱いには十分な注意が必要です。

部品カタログ

木材を固定する部品です。用途に応じて、
使い分けると仕上がりもよくなり、
強度も適したものになります。

1

スリムビス（木割れ防止ネジ）

柔らかい木材料に適した、木割れの発生しにくいネジです。通常の木ネジよりも、軸が細くネジの目が粗くなっています。木割れは防げますが、締結力は木ネジより劣ります。

2

木ネジ

木材同士の締結に使用する、最も一般的なネジです。

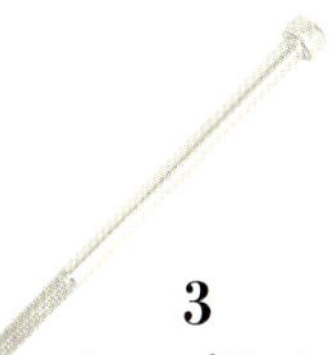

3

キャップボルト

ネジの頭の部分が六角になっています。六角レンチを使用して締めるボルトです。

4

寸切りボルト

ネジのネジ山の部分のみのボルトです。本書では止まり木の固定ボルトとして使用しています。

5

トラスビス

木ネジの形状の違うタイプのネジです。首の部分の直径が大きく、厚みのない材料同士の締結に適しています。締めつけ後はしっかりと固定できます。

6

ナット

一般的なナットです。締めつけにはモンキーレンチ等の工具を使用します。

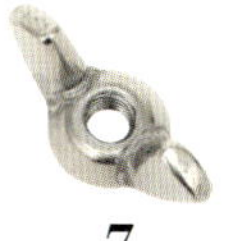

7

蝶ナット

手で締めつけをしやすい形状になっているナットです。

8

ユリアネジ

手で締めつけられる、取り扱いの簡単なネジです。オニメナットと組み合わせることにより、様々な用途で使用できます。

9

ハンガーボルト

半分が木ネジ形状、片側がメートルネジになっているボルトです。木ネジ形状の部分を材料に埋め込んで使用します。

10

ひーとん・よーと

物を吊り下げたり、引っかけるための金具です。

11

大ワッシャー

大きな寸法のワッシャーです。本書では止まり木をケージに固定する時などに使用しています。

12

オニメナット

大きな木ネジ形状の内側に、メートルネジの雌ネジが切ってあるものです。取りつけには規定サイズの六角レンチを使用します。

道具の使い方

道具は正しく使えば、作業性も上がります。
逆に間違った使い方をするとケガをする恐れもあります。
このページを参考のうえ、
購入した際に付属している取扱説明書もしっかり読んで
安全に使用しましょう。

電動ドライバーでの穴開け

ドリルの刃先を垂直になるように合わせます。厚みのある材料は、左手を電動ドライバーの上部に添えながら、右手で電動ドライバーのスイッチを入れます。

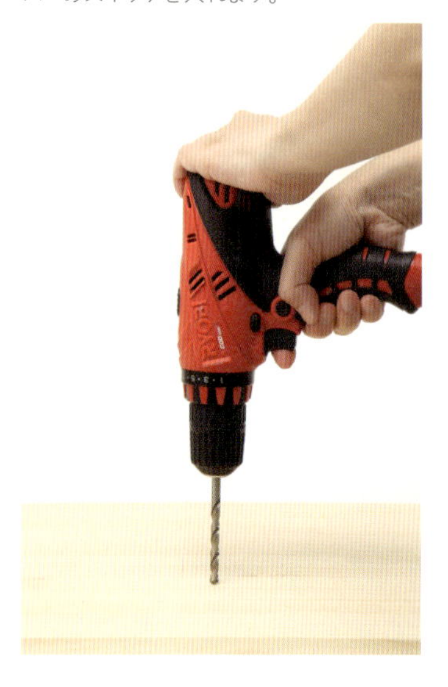

電動ドライバーの刃の取りつけ方

チャックの根本を押さえ、先端部分を前から見て反時計方向に回すと、チャックの三つ爪が広がるので、ドリル刃をしっかり差し込み、時計方向に締めてドリルの刃を固定します。刃の取り替えは、必ず電気コードを抜いてから行います。

さしがねを使ってけがく

目印の線を引くことを「けがく」といいます。鉛筆とさしがねの間に隙間がないように気をつけながら、鉛筆をさしがねと反対に倒して線を引きます。
また、さしがねの内側の部分を材料の端部に当てることによって、簡単に垂直線がけがけます。

さしがねで垂直を確認する

短い部分を床側に置き、長い部分を支柱など垂直の確認が必要なものに当てます。床部分とさしがねの隙間がなく、支柱部分とさしがね間も隙間がなければ垂直がとれたことになります。

クランプと当て木の使い方

材料を直接作業台に固定する場合、直接クランプを当ててしまうと、加工材料にクランプの跡がついてしまうことがあります。その場合は端材などをクランプと材料の間に挟み込むことによって、跡がつくのを防ぐことができます。

バイスの使い方と固定方法

バイスは、木材などを押さえる道具です。クランプ等を使用して作業台にしっかり固定して使用します。固定が緩いと作業中にバイスがずれ、切断面が曲がってしまうことがあります。

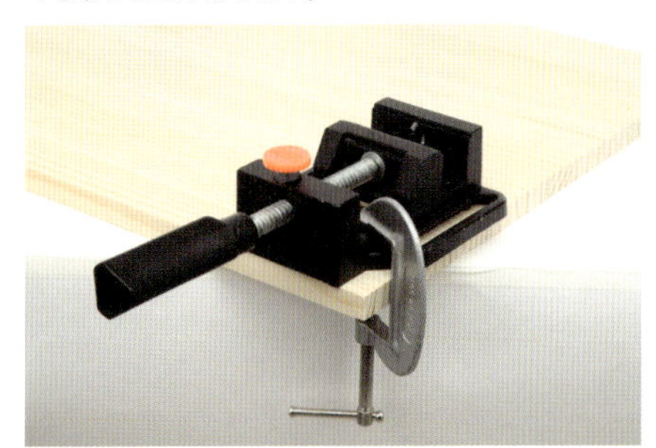

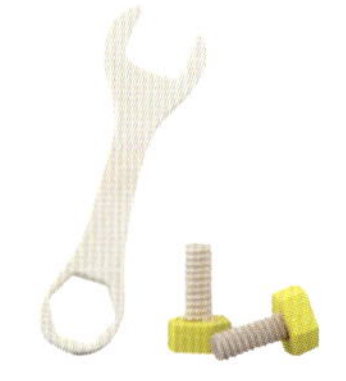

人も鳥も安全に過ごすために

この本を手に取ってＤＩＹにチャレンジしよう、という方にあらかじめ伝えておきたいことがあります。それは、すべての基本は「安全」を最優先にしてほしい、ということです。

素材の安全、工作作業中の安全、完成したものの安全。モノづくりをするうえで、これは最も重要なことです。

人の安全

自分がケガをしないこと。愛鳥さんのために、市販されている止まり木やおもちゃをつくってみようとした時に、不注意でケガをしてしまったら、何にもなりません。ケガをするくらいならば、安易に手づくりはしない方がいい、といえるでしょう。

特に、電動工具は人間の数十倍以上の力を発揮します。道具や工具を手にしている間は作業に集中し、「安全第一」をいつも考えながら臨んでください。

作業中の服装

工作は刃物や回転速度の速い工具を使います。その際、適した服装で作業をします。

・ネイルや大きい指輪をしたまま作業しない。
・巻き込み防止のため、髪の長い方は必ずまとめて、だぶつく服は着ない。
・肌の露出を極力避ける。
・工具を落とした時や落下物をふみつけた時に足を保護するため、室内でも滑りにくいスリッパや室内履きなどを履く。
・保護メガネを着用する。

以上のことを必ず守ってください。

手指を保護する軍手・作業手袋の着用は、着ける場合と着けない場合があります。電動ドリルなど、回転する刃物を使用する場合は軍手をしてはいけません。これは回転刃への手指の巻き込み事故を防ぐためです。

逆に、ノコギリの使用、ヤスリ掛け、カッターでのカットなど手持ちの刃物を使っての作業時は軍手着用を推奨します。

材木などの大きな材料を運ぶ場合は手の保護のため、必ず軍手を着用します。

道具・工具の正しい使い方を理解してから使う

道具や電動工具を購入すると、必ず使用説明書が付いてきます。紙として入っていなくても、パッケージの裏面などに注意書きが書かれています。使う前に必ず説明書を熟読し、使用方法をよく理解して使用してください。

よい道具を選ぶ

よい道具は効率がよく、危険性も低い場合が多いです。刃物は切れがよいほど危険性が下がります。刃がよく切れるので、無理な力をかけずに楽に作業ができるためです。

道具は粗悪なものを使用せず、質のよいものを選んでください。価格は高くとも、安全性には代えられません。

鳥に安全に使ってもらうために

飼い主が愛鳥さんのためにＤＩＹで何かをつくる場合、必ず「これは鳥が使うもの」というイメージを持ってください。身体の小さい鳥たちは、ともすれば「人の健康に害はありません」とあるものでも、深刻なダメージを与えてしまう場合があります。

モノづくりをする場合、作業はもちろん材料の準備の段階から、すべて飼い主の判断で用意することになります。手に取った材料の説明書などを読み、問題がないと判断できるものだけを使用してください。

鳥はかじるのが仕事

十分に注意をしなければならないことに「誤飲」があります。鳥のくちばしは本来は種子、果実などをついばむためのものであって、金属やプラスチック等の人工物をかじるためのものではありません。どんな生活用具やおもちゃであっても、彼らはくちばしから接触します。「誤って、これが体内に入ってしまうことはないか？」ということを考えて作業をしてください。

壊れても外れない工夫

この本では「釘」を使っていません。これは、２つの材料を結合するのに釘を使用すると、片側が鳥によって破壊された時に、残りの材料から釘が抜けてしまうためです。必ず適切な長さの木ネジなど、材料に残留する接合部品を使用します。

また、接合部の寸法に対して適切な長さの取りつけネジを選び使用します。短すぎると簡単に抜けてしまったり、長すぎると鳥の皮膚に直接触れてしまい、ケガをさせてしまう危険性があります。「絶対に安全なもの」はなく、愛鳥の安全管理は飼い主にしかできないのです。

鉛と軟鉄について注意

私達の生活の中では様々な金属素材が活かされています。身近な素材の中で生物にとって危険性のある金属として「鉛」があります。水分のある環境下での対腐食性があり、水中や湿気の多い場所でも使用可能で、古くから利用されていました。

例えば、電気配線用の「はんだ」、陶器などに使われる顔料、釣りに使うおもり、水草など水槽用のおもり、安価なアクセサリー類、カーテン下部に縫い込んであるおもりなど、家の中に思い当たるものがたくさんあります。

鳥がこれをかじり、体内に入ってしまった場合、体内で溶け出して蓄積し鉛中毒となってしまう場合があります。

鉛に関しては環境保護の観点から世界的に使用が規制される動きが多くなっています。普段の生活で鳥が接触する可能性があるものに関しては十分な注意と警戒が必要です。

釣りで使うおもりは「鉛」でできているものが多く、注意が必要です。

木材の種類について

インターネット上では、鳥の飼育に関する情報が無数にあります。中には、鳥に対して害のある植物(木材)を「可」とする情報などもあり、情報が錯綜しています。本書では、基本的に素性がわからない流木や朽ちかけているもの、ヤニが出ているもの、カビが発生しているもの、芽や葉がついているものは使用しません。天然木材については、後で詳しくご紹介しますが、果樹園や公園などで剪定された枝をしかるべき手続きをとり、いただいたものを主に使用しています。

天然木の探し方

ご自身でDIYをやろうと思い、最初に立ちはだかる壁は「天然木材料の入手」だと思います。

本来、建築材料などに適さない細い枝などは、木材チップなどに加工される場合が多く、この加工される前の枝を手に入れなくてはいけません。

ここでは、実際に私がどのように入手しているのかをご紹介します。

・知り合いの果樹園などに分けてもらう

果樹園の圃場では、毎年剪定作業が行われます。そのタイミングで、枝を分けてもらいます。知り合いに果樹の生産者がいる場合、事前にお願いしておくとよいでしょう。

・住居地域の公園などに交渉する

最寄りの公園事務所などに、枝を分けてもらえるか問い合わせをしてみます。公園では、時折樹木の剪定管理を行っています。そのタイミングで落とした枝を分けていただきます。公園によっては断られる場合もありますので、無理強いするのはやめましょう。また、近所の公園などで、たまたま剪定している現場に遭遇した場合は、作業をしている人に一声をかけて、分けてもらえるか聞いてみましょう。

・自治会やボランティア活動に参加する

自治会のクリーンデイに参加したり、森林保全のボランティアに参加します。許可を得たうえで、剪定した枝を分けてもらいます。これはまさにチップ加工される前の段階の枝を入手できます。

・お庭のある友人宅にお願いをしておく

果樹園のケースと同じですが、お庭がある友人に声をかけておくと、剪定の際に分けてくれます。樹種がはっきりしていて、素性のわかっている枝材料を入手するにはいい方法です。

・枝材の通販などを利用する

苗園さんや木工材業者さんが通信販売を行っている場合があります。枝などの原木の他、材料を指定して切り板などを販売してくれる業者さんなどもあります。この場合は素材の他、細かい寸法なども正確に指定する必要があります。ただし、産地などがわからない場合も多いです。

本書で使用している天然木材

ケヤキ

街路樹や公園の植樹として、比較的入手しやすい樹種です。状態のいい枝は表面に艶があり、鳥たちに好まれます。また、人から見たインテリア性も高いです。硬い材料ですが加工性もよく、細かな作業もしやすいのが特徴です。

リンゴ

大型の鳥達が好む果樹です。天然木には様々な種類がありますが、小枝のおもちゃとして市販もされており、これからＤＩＹをスタートされる方には安心して使っていただけるでしょう。表面が硬くごつごつしているため、とにかくかじるのが大好きという壊し屋の鳥にオススメです。

ナシ

リンゴ同様、おやつとして定番の木です。表面は比較的滑らかですが、溝状の凹凸があり脚の握力の弱い鳥でも爪掛かりのいい形状となっています。加工に対する耐性はやや低めです。

ユーカリ

コアラの食料として知られている木です。オーストラリア原産の鳥をはじめとした、インコ・オウムに広く好まれています。

その他

クヌギ、シカラバ、タケ、ヤマモモ、キウイ等の枝も利用できます。

天然木の消毒方法

切り出される前の天然木は、野生下の鳥達が止まって過ごします。よって、野鳥からの感染症の防止のため、消毒などを入念に行う必要があります。

また、屋外で暮らしている動物たちのふんが付いている場合もありますので、天然木を入手したら、必ず「洗浄」、「消毒」を行ってから、愛鳥のために使用します。

①乾燥

日当たりのよい所で天日干しします。ベランダなどで期間は1～2ヵ月程度干します。水平に置くと雨の影響を受けやすいので、立てて干すことをおすすめします。

②虫抜きの工程

十分に乾燥させた枝を、お風呂など水中に沈め、虫抜きをします。木の中に潜んでいた虫、乾燥中に付いた虫も除去することができます。虫抜き工程の終わりに、そのまま清水で水洗いをすると作業場所が汚れません。

手で掴んだ時に表皮の粉が手に付かなくなるまで洗います。

③切り出し・一次加工

必要な寸法、形状にカットます。

④煮沸消毒・高圧蒸気で消毒

加工が終わった材料を、熱湯や蒸気で消毒します。切断面の直接の消毒もできますので、加工後の熱湯消毒がベストです。

例えば、30cm程度の短い枝の場合は、大きめの鍋で煮沸消毒します。均等に煮沸できるように向きを変えながら数分煮沸します。

長めの止まり木などは、シンクで向きを変えながらたっぷりの熱湯をかけます。

さらに長い1m以上の枝などは、スチームクリーナーを使って蒸気で洗うとよいでしょう。高圧蒸気は130℃程度の温度が保たれています。蒸気をかけながらブラシで洗います。

⑤加工後に再度消毒

すべての加工作業が終わった後、除菌剤を使用して消毒を行います。止まり木は鳥さんが使用するものなので、アルコール等ではなく毒性の低い除菌剤を使用するのが適しています。本書では、弱酸性の次亜塩素酸の粉末を水道水に混ぜて使う除菌剤を使用しています。

市販の人用の除菌スプレーなどは生き物に害のある場合もありますので、鳥の生活環境には使用しないでください。

1

生木はしっかり天日干しして乾かします。

2

干した木を水につけて、虫などを出します。

3

必要な寸法にカットします。

4

煮沸消毒します。鍋に入らない場合は、高圧洗浄機などを使います。

5

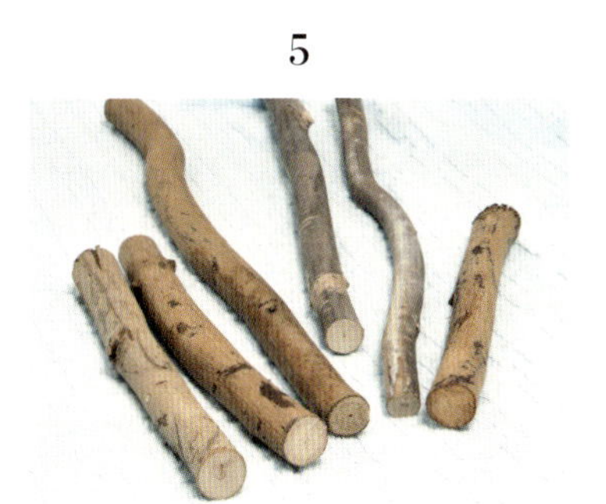

煮沸後、乾燥させて加工作業を行います。

6

完成後の消毒は、次亜塩素酸水などの防菌剤で行います。

市販の加工木材

支柱や台座などは加工木材を使用します。本書では、ニスなどの塗装のあるものはできるだけ使用しないようにしています。使用する場合は、プレイジムの底板など、鳥がかじらないような部分にのみ使用しています。

加工木材を購入する場合に、木材を選ぶポイントがいくつかありますが、節などが少ないもので、端面の整っている木材を選びます。角材はできるだけまっすぐなものがよいでしょう。板材は、歪みやしなりのないものを選ぶと工作の完成度が高まります。

バルサ材

工作材料などに広く使われているバルサ材です。非常に軽い材料ですが重量に対しての強度が大きく、かつては飛行機の材料としても使われていました。加工性もよく、カッターやハサミなどでも容易にカットすることができます。

パイン材

マツ科の木で、ヤニの露出の少ない材料です。SPF材よりも強度があります。

SPF材

白木材を使用した建築材料です。ヤニなどの露出の比較的少ない種類で、価格も安価、サイズも豊富で加工性のよいのが特徴です。

スギ材

こちらも硬い材料で、加工済みの平板・円盤などが市販されています。

BIRDS' EGGS
WARNE

DIY初級編

まずは手づくりに慣れるために、簡単に始められるグッズをつくります。
パーツとロープでできるおもちゃや、止まり木などをご紹介します。
DIYの作業を楽しみながら、道具に慣れていきましょう。

パーツとロープをつなげて 簡単おもちゃ

まずはものづくりに慣れるために、
市販のパーツとロープをつなぐだけの
簡単なおもちゃをつくります。

ロープを輪にすると、鳥の脚や羽根が絡まる場合があります。飼い主不在時に抜けられず、事故が発生する可能性があるので、輪にしてはいけません。

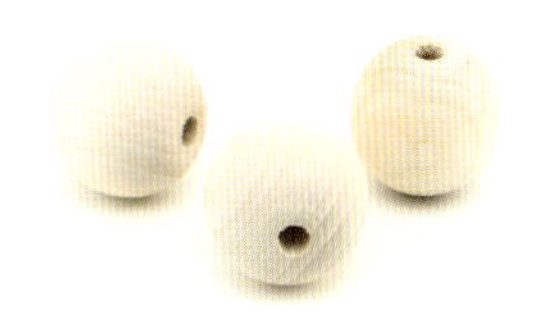

いろいろなパーツ

鳥の飼育用品店などで購入できます。壊した時に誤飲の危険性がないか、必ず安全確認をしましょう。

材料

市販のパーツ（穴が開いているもの）
ロープ

使用する道具

ハサミ

つくり方

1 ロープを適当な長さにカットします。

2 市販のパーツにロープを通し、パーツとパーツの間に結び目をつくります。

＊ポイント

素材はペット用として販売されているもの、あるいは乳幼児用として厳しい安全基準をクリアしたもの（「STマーク*」や「CEマーク**」があるもの）を使用します。

* STマーク…日本における食品衛生基準を取り入れたおもちゃ業界団体の自主規制です。人体に影響のある有害物質を含まないことが求められています。

** CEマーク…欧州で定められている厳しい安全基準に適合した商品に表示されるマークです。玩具、産業機械、医療機器など用途別に基準が定められています。

バルサ材を使ったカジれるおもちゃ

ハサミでカットできるバルサ材を利用します。
人間がつくるのも、鳥がカジって壊すのも簡単な
手軽にできるおもちゃです。

バルサ材

ハサミやカッターで切り出すことができる軽い板です。工作などで利用されます。ホームセンターのバルサ材コーナーには、様々な厚さのものがあります。

材料

バルサ材(1mm 厚)

使用する道具

カッター、ハサミ

つくり方

1 バルサ材を好みの形にハサミでカットします。

✱ ポイント

勢いよく刃を入れるとバルサ材が割れてしまうので、ゆっくりやさしくカットします。

型紙

スプーンやフォーク型にカットしてみましょう。

基本の止まり木

DIYに初めて挑戦する人でも、比較的簡単にできるアイテムである基本の止まり木です。
材料や道具に慣れるつもりでつくりましょう。できあがったら、ステンレス大ワッシャーでケージの網線を挟み、蝶ナットをしっかり締めます。

材料

天然木材(お好みの長さ・太さ)
ステンレス寸切りボルト
(M5×40～50mm) ………… 1個
ステンレス大ワッシャー(M5) ………… 1個
ステンレス蝶ナット(M5) ………… 1個
※作例では木のワッシャーを使用しています。

使用する道具

バイス、ノコギリ、電動ドライバー、
ドリル刃(2.0mm・4.0mm)、
プライヤー、モンキーレンチ

つくり方

1 枝材をケージに合う長さにカットするために、クランプで作業台にバイスを固定してから、バイスで天然木を固定します。

2 しっかり固定したら、ノコギリで使用する長さに天然木をカットします。

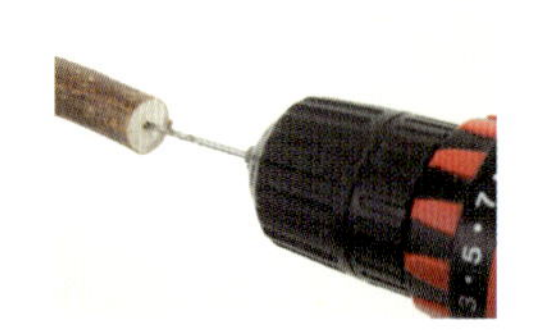

3 片側断面の中心にドリル刃2mmビットを使い、下穴(1.5～2mm程度、深さ30mm程度)を開けます。

4 寸切りボルトが入る寸法のネジの下穴開けをします。ボルトM5の場合は4mmで穴開けをします。

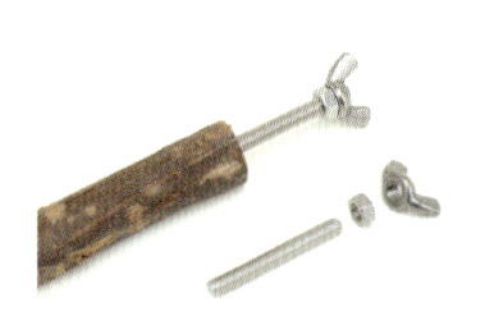

5 寸切りボルトにダブルナットを掛けて、モンキーレンチを使ってボルトをねじ込みます。

6 ねじ込みが徐々に硬くなり、ボルトの残りが15mm程度になればねじ込み完了です。

蝶ナット部分。2枚のワッシャーの間にケージなどを挟んで固定します。

＊ポイント

100gを超える鳥さんが使うものや、長さが200mmを超える場合は、強度を保つためM6のネジを使用することをおすすめします。

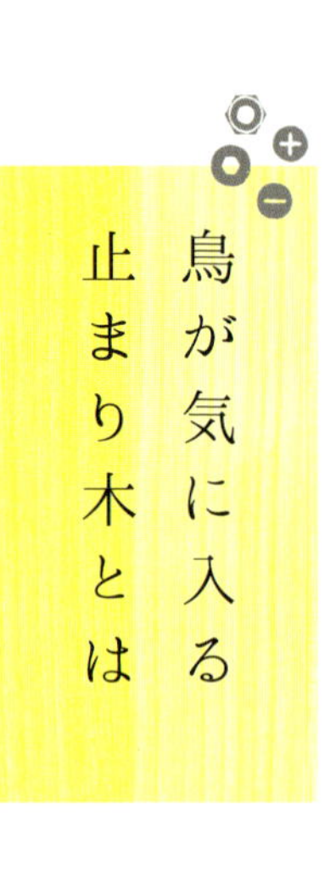

鳥が気に入る止まり木とは

あなたの愛鳥はどんな止まり木がお好みでしょうか?

愛鳥の好みを飼い主さんが見極めることによって、愛鳥の暮らしを快適にすることができます。

鳥の本能からくる好みとは?

鳥は高い所、見晴らしのよい所を好みます。これは「自分の周囲は安全である」と常に確認しながら暮らしているためです。また、鳥は木の幹に寄りそって眠るといわれています。これは、壁側からは外敵が来ないので、睡眠中も安心できるためです。

これらは、日頃の暮らしで簡単に実践することができます。まずは①部屋の中の高い位置に止まり木をつける、②ケージ内でも高い位置に止まり木をつける、③ケージの背面を壁づけにするなどです。

天然木の止まり木が好きなセキセイインコのぴいちゃん。

鳥が嫌いな止まり木

鳥が気に入る止まり木があるならば、逆に、嫌いな止まり木もあります。

例えば、前後に揺れる止まり木は、止まっていられます。自然界では風などによって止まっている枝は揺れますが、この揺れの中でもバランスを取ることができます。しかし、回転状の動きをする止まり木には、止まっていられません。

DIYで止まり木をつくる場合は、この「鳥が苦手な動き」をしないように、気をつけましょう。

おすすめは天然木の止まり木

ケージを購入すると、2本程度のケージの適合サイズの止まり木(加工木)が付属しています。加工木の止まり木でも、鳥の生活には支障はありませんが、やはりおすすめは天然木の止まり木です。

では、なぜ天然木がいいのでしょうか。それは、表面やサイズが一定ではなく、鳥が好みの場所を自ら選んで使うことができるからです。加工木では、鳥の脚の裏の同じ部分が接触し続けてしまいますが、天然木は変化に富んだ形状なので、足裏でも接触する場所が一定でないため、脚の病気を防ぐ効果も期待できます。

さらに、凹凸のある場所で、脚が届かない部分を羽繕いできたり、くちばしを拭くことができるなどメリットがあります。

止まり木の太さについて

標準的な止まり木の太さと応用

一般的には鳥が止まり木を掴んだ時に、円周の約7割位になるものが標準といわれています。

一般的な市販のケージに付属する止まり木の場合、フィンチ・小型インコなど小型用はφ12、オカメインコなど中型用はφ15が付属しています。

私が製作する場合は、おおむね500g未満の小型～中型の鳥はφ20～25程度、500g以上の大型用はφ30～50程度を使用しています。

我が家では主に天然木を使用しています。愛鳥のセキセイインコのぴいちゃんは、標準的な太さの止まり木を好みますが、どんな止まり木でも止まります。しかし、もう一羽のセキセイインコのおもちは、脚の握力がほとんどないので、太めの止まり木を好みます。

ケージに付属の止まり木はあくまで標準的なサイズであり、実際に鳥たちは様々な太さの止まり木に乗ることができます。飼い主さんが愛鳥の止まり木の好みを見極めるのが肝心です。

我が家での止まり木の使い方

私の家では、健康なセキセイインコのぴいちゃんの止まり木のセット方法と、脚の悪いセキセイインコのおもちのケージでの止まり木セット方法は変えています。

ぴいちゃんの場合は、就寝場所は市販φ12加工木T字、食事場所はφ12天然木（クヌギ材）、水飲み場は市販ウェーブパーチ、おやつ場所はφ20シラカバ材、メインの止まり木はφ15ユーカリ材、奥の暖房区域は市販枝分かれ止まり木（φ8～12）と、多種多用な素材、形状を使いバリエーションを持たせています。

これは普段のケージ内での生活の中から脚の動きに変化を持たせ、爪とぎ効果と脚の健康維持の狙いがあります。

おもちの場合は、セミバリアフリーの保温ケージ仕様となっています。止まり木は移動用の1ヵ所を除き、すべてφ18のユーカリ材を使用しています。

握力の弱いおもちの場合は、通常のセキセイインコサイズの加工木の止まり木では足を滑らせ落下する場合もあるため、太めのユーカリ材を使用しています。

脚が弱いセキセイインコのおもちは、ユーカリの天然木の止まり木を愛用している。

市販の止まり木加工例

前項で止まり木の天然木材料についてご説明しましたが、市販の止まり木を材料として利用したり、加工して使用する方法もあります。

ケージを購入するとT字パーチが付属品でついてくる場合があります。これを外出用に少し加工をします。

このT字パーチは、軸となる短い部分と止まり木の部分と2本の木材によって構成されていますが、これにさらに1本を追加し、鳥が脚を90度開いた状態で止まることができる形にします。そうすれば、移動中振動しても、安定して止まることができるのです。

市販ニームパーチを使ったスタンド

耐久性と止まりやすさ、軽量化を考慮して製作した体重測定用スタンドです。

コキサカオウム用で鳥さんの体重は約330g。市販のニーム材のφ20をカットして使用しました。ニーム材は非常に硬い材料で、ノコギリでカットするのもかなり苦労します。硬いがゆえに、長期間安定してお使いいただくのが狙いです。

リボンウッド止まり木の皮むき加工

看護用に組んだプラケースに取りつけるために、特に硬いとされるリボンウッド止まり木を加工したものです。止まり木をかじってしまう鳥用です。看護ケース内でかじれるものは使用しないように、表皮を削って剥がしたものです。表面も非常に硬いので、電動工具を使用して表皮剥がしを行いました。

T字パーチに1本木材を追加して、90度の角をつくると、移動時も安定します。

コキサカオウムのうたちゃん。スタンドがあれば、体重測定もラクラク！

リボンウッド材は非常に硬い材料です。先端の表皮は電動工具で加工しています。止まり木をすぐに破壊してしまう大型の鳥におすすめです。

FLEURS
des
FLEURS des BOIS

STAGE

止まり木ステージ

ケージ内でのお休み場、遊び場に最適アイテム。
止まり木が苦手な小鳥には最高のリラックスステージです。

材料

天然木材
（幅50mm 以上・
厚さ20mm 以上）

ステンレス寸切りボルト
（M5×40～50mm）
………… 1個

ステンレス大ワッシャー
（M5）………… 2個

ステンレス蝶ナット
（M5）………… 1個

※ 大きいサイズのステージはネジ類の
材料を2組用意する。

使用する道具

バイス、ノコギリ、ヤスリ、
電動ドライバー、
ドリル刃（2.0mm・4.0mm）、
プライヤー、
モンキーレンチ

つくり方

1

太めの丸太材に取り付け面をカットします。

2

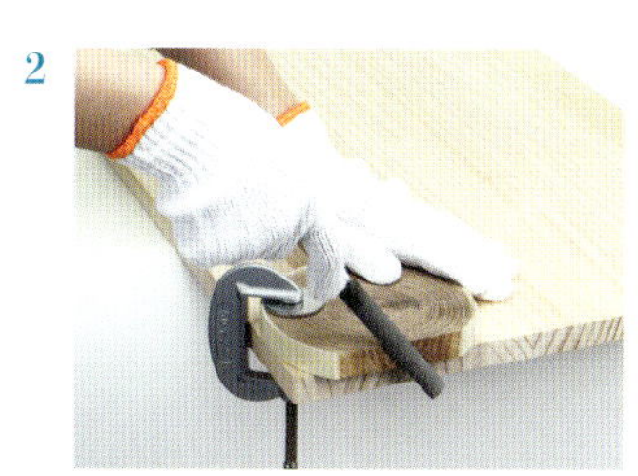

取りつけ面を垂直にするため、ヤスリをかけます。

3

30ページの止まり木のつくり方3～5と同じ要領で、下穴を開けてから、取りつけ用の穴を開けます。ビットのサイズは下穴2.0mm、取りつけ穴4.0mmです。

4

取りつけ用寸切りボルトをモンキーレンチを使って取りつけます。

＊ポイント

少し大きめのステージにする場合は、丸太材を大きくし、取りつけネジを2本にすると取りつけ時の安定が増します。

ケージ用ブランコアレンジ

針金とビーズ、天然木止まり木を組み合わせたブランコです。
比較的簡単に製作できますが、ケージ内で使うものなので
安全に留意して製作する必要があります。

つくり方

1

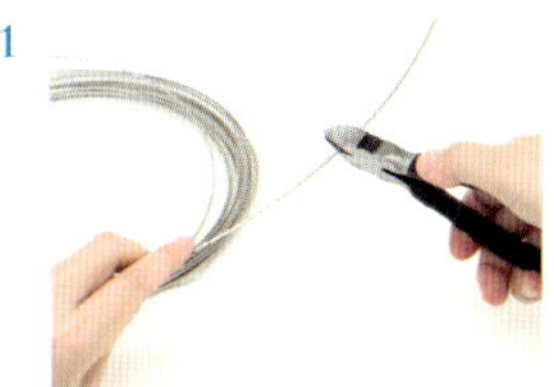

ステンレスワイヤーをニッパーでカットします。おおよその必要な長さを測り、少し長めにカットします。

2

片側を止まり木に取りつける形に曲げておき、反対側からビーズを入れていきます。

針金と止まり木の取りつけ方 1

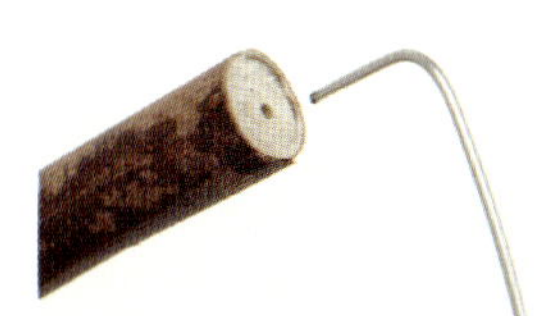

止まり木の横に穴を開け、針金を差し込みます。差し込む部分の針金の長さと太さに合わせた穴開けが必要です。

針金と止まり木の取りつけ方 2

止まり木に縦に穴を開け、上から針金を差し込みます。

2mm程度の穴を開け、通した針金は楕円状に曲げて切断面を下から穴の中に入れます。この楕円にまたおもちゃなどをぶら下げることもできます。

材料

ステンレス針金(φ2.0・長さ50cm程度)

止まり木用天然木(φ12程度・長さ10cm程度) ………… 1本

ビーズ(CEマークのおもちゃのパーツを利用)

使用する道具

バイス、ノコギリ、電動ドライバー、ドリル刃(2.0mm)、ニッパー

＊ポイント

切断面は鋭利な刃物のような形になるため、愛鳥がケガをしないように、切断面が見えないように仕上げます。

樹脂ビーズは大型鳥がかじって割れた場合に誤飲の危険性があるので注意しましょう。

針金を使う場合、カット面をラジオペンチなどで丸めると、作業中の安全性が上がります。針金で眼などをつつかないように十分気をつけてください。

お部屋でブランコ

室内で使える少し大きめのブランコです。
複数羽で使用することができ、
食器やおもちゃの取りつけなど拡張も簡単です。

つくり方

1

止まり木材2本をカットして同じ長さに揃え、下穴を開けます。この時、ヤスリ等で端面の水平も揃えると強度が増します。

2

ステンレスステーに止まり木を取りつけます。最初に片側2ヵ所、次にもう片方の2ヵ所を仮止めしてから本締めをします。

3

ステンレススリムビスは平ワッシャーと併用します。

4

ステーの上端にステンレスチェーンを取りつけ、できあがりです。

材料

天然木材(φ15～18×250mm) ……… 2本

ステンレスチェーン(8×20mm・長さ50cm) ……… 1本

ステンレスステー(15×300×t2.0) ……… 2本

ステンレススリムビス(3.3×25mm) ……… 4個

ステンレスワッシャー(M5) ……… 4個

使用する道具

バイス、ノコギリ、ヤスリ、電動ドライバー、ドリル刃(2.0mm)、差し金

＊ポイント

一度仮止めをして、水平・垂直を確認してから、本締めをします。

ステンレススリムビスは、木割れ防止ネジともいいます。

キャリー用止まり木

外出用の小型キャリー用の天然木止まり木です。
ネジが外側に出っ張らず、
バッグ等へのキャリーの出し入れが
楽に安全に行えます。

材料

天然木材（φ12×100mm 程度）
オニメナット（M4×10mm）……… 1個
大ワッシャー（M5）……… 2個
ユリアネジ（M4×16mm）……… 1個

使用する道具

バイス、ノコギリ、電動ドライバー、
ドリル刃（2.0mm・6.0mm）、
六角レンチ（4mm）

つくり方

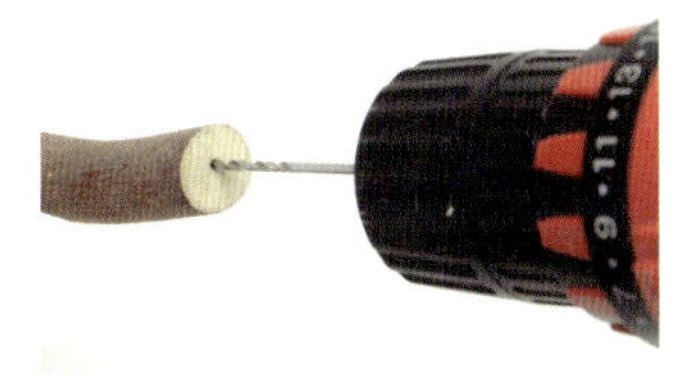

1 天然木枝を必要サイズにカットし、取りつけ端面の中心に2mm程度の下穴を開けます。

2 穴の入口を少し広げるとオニメナットが入りやすくなります。

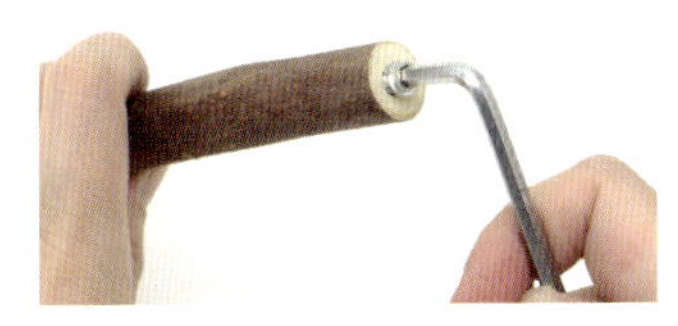

3 オニメナットを六角レンチを使ってねじ込みます。

4 端面より1mm程度奥までねじ込めばできあがりです。

✱ ポイント

横網ケージで使用する場合は、両端にオニメナットをつけます。両側からネジで固定するため、ケージの強度が増します。枝をカットする際にケージの内寸と揃え、両端面の平行をしっかり取るのがポイントです。最終的には、取りつけ時のワッシャーの厚みで調整します。

ビースで遊べる止まり木

ビーズつきの止まり木です。
楽な姿勢を保ちながら、ビーズで遊ぶことができます。

つくり方

1

バイスとクランプを使って木材を固定させて、止まり木と角材をカットします。

2

切り出した角材に、穴を2つ開けます。1つ目は、ステンレスバネ材を入れる穴です。サイズは2mmのドリル刃で、3〜5mmの深さで貫通させないように注意します。もう1つの穴は、止まり木を固定するための穴なので、貫通させます。

3

止まり木の両端に下穴を開けてから、角材にユリアネジで取りつけます。

4

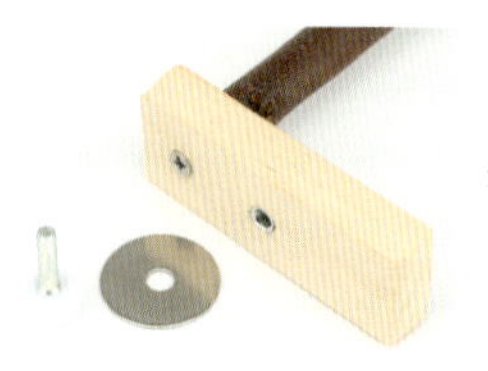

片側の角材の止まり木とステンレスバネ材の穴の中間に、外側からオニメナットを取りつけます。

5

左右角材の距離より少し長めにステンレスバネ材をニッパーでカットし、ビーズを通してから、長さを整えます。少し曲げて遊びをつけるとビーズが蛇行して動くので、鳥も楽しめます。

材料

- 天然木材（120〜150mm程度）………1本
- 角材（15×30×70mm）………2本
- ステンレスバネ材（φ1.2）………1本
- オニメナット（M4）………1個
- 大ワッシャー（M5）………1個
- ユリアネジ（M4）………1個
- スリムビス（3.2×30mm）………2本

使用する道具

バイス、クランプ、ノコギリ、電動ドライバー、ドリル刃（2mm・6mm）、ニッパー

＊ポイント

ステンレスバネ材は、普通の針金と違い曲げても元の形状に戻りやすい特徴があります。

木製ダンベルのおもちゃ

鳥がかじったり、振り回したり、
投げたりして遊べるおもちゃです。
天然木止まり木材料の余り材料と割り箸で
つくります。

つくり方

1

天然木材を薄くカットします。

2

中央に穴を開けます。スライスカットした木材を当て木の上に載せ、電動ドライバーで4〜5mm程度の穴を開けます。

3

割り箸を適当な長さにカットします。
補足:
柔らかい材料ですので、ニッパーなどでもカットできますが、小型のノコギリを使用すると断面がキレイになります。

4

割り箸に円盤を差し込んで完成です。割り箸が太い場合は、カッターなどで削って調整します。

材料

天然木材（φ25mm以上、
厚さ3mm
程度にカットして使用）
割り箸

使用する道具

バイス、ノコギリ、
小型ノコギリ、
電動ドライバー、
ドリル刃
（3.0〜5.0mm程度）、
プライヤー

＊ポイント

プライヤーで挟んで押さえると簡単に穴開けができます。

Column

鳥さんが喜ぶ
ひと手間
1

お留守番もさみしくないよ タイマーでラジオと電気をオン！

我が家の鳥たちは、留守番の時間が長いため、タイマーによる家電のコントロールを行っています。

飼い主が不在の間、何か音を聞かせることと、部屋の灯りをコントロールすることによって、鳥たちが退屈せず、しかも落ち着いて過ごせることを目的としています。鳥と部屋の照明に関しては、鳥の個性によるところが大きいと思いますが、我が家では就寝時間でも足元灯を点けて、地震など不慮の事態に対応するようにしています。節電対策としては、室内各所の照明のLED化を行いました。

テレビのオフタイマーを利用

起床と同時にテレビのスイッチを入れ、オフタイマー機能で飼い主が出勤してからも、2時間程度はテレビがついている状態にしています。これにより、飼い主が外出するといきなり静かになるのではなく、しばらくは聞き慣れたテレビの音が聞こえます。

午後はラジオを使用

14時頃から、コンセントタイマーを利用して、小さな音量でラジオがつくようにしてあります。コンセントタイマーはホームセンターなどで販売しています。室内コンセントに

市販のコンセントタイマーにラジオをセットすれば、設定した時間にスイッチが入り、鳥たちが楽しい時間を過ごすことができます。

さすだけで、簡単に設定もできます。ラジオはアナログスイッチのものを使用し、ラジオ本体の電源スイッチは入れっぱなしにして、コンセントタイマーで電源をコントロールするようにします。

17時頃に留守番機能で部屋の灯りをON

シーリングライトの留守番機能を利用して、夕方暗くなる前に部屋の灯りをつけています。日没とともに部屋が暗くなり、鳥が眠り始めてから飼い主が帰宅して部屋が明るくなると、夜と昼が何度も来ているような感覚になってしまいます。それを避けるために、夕方に照明のスイッチが入るように設定しています。

常に明るい状態にしていると、鳥も昼寝がしにくいので、ケージの奥に一部カバーをつけ、部屋が明るい状態でも光源を視界に入れずに休めるように配慮します。

鳥の暮らす部屋の照明は、シーリングライトをおすすめします。薄型で天井に張りつける形状は鳥の飛行空間を妨げることなく、製品によっては先にご紹介したような便利機能もついているからです。

日頃からラジオを聞くのが大好きなぴいちゃん。

DIY 中級編

中級編では、使用する道具や材料のレベルが上がってきます。
安全に気をつけて、作業に取り組みましょう。
お出かけに持っていける組み立て式のスタンドパーチや音が出るおもちゃなど、
鳥の大きさに合わせたものをつくることができます。

ハシゴ型止まり木

ケージ内に取りつける片支持型のハシゴ型止まり木です。
ケージの内側に沿って固定します。
状況に応じて、角度を変えることが可能です。

つくり方

SPF角材と天然木枝を必要数、必要な長さにカットします。

止まり木の間隔を決めて、角材側に取りつけ位置をけがきます。1つ目は端から20mmの部分に開けます。2つ目以降は1つ目から55mm間隔で開けます。

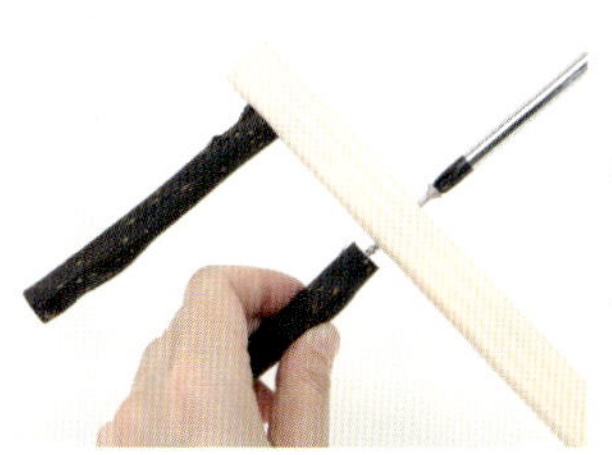

SPF角材にスリムビス用の下穴を開けて貫通させます。枝材にも下穴を開けて、SPF角材に木ネジで固定します。

4

SPF角材の枝材を取りつけた裏側に　オニメナットを2ヵ所取りつけます。その際、枝材と枝材の間に取りつけます。

＊ポイント

止まり木は片端を長めにすると、他の止まり木へのアクセスが楽になります。

材料

天然木材
（φ12～15mm程度）
100mm ……… 3本
150mm ……… 1本

19 SPF角材（20mm角）
……… 1本

オニメナット
（M4）……… 2個

ステンレス大ワッシャー
（M5）……… 2個

ユリアネジ
（M4×16mm）……… 2個

スリムビス
（3.5×30mm）……… 4個

使用する道具

バイス、ノコギリ、
電動ドライバー、
ドリル刃（2.5mm・6.0mm）、
六角レンチ（4mm）、ヤスリ

基本のＴ字スタンド

放鳥時に愛鳥さんとのんびり過ごすのに最適な、
小型のＴ字スタンドです。

STAND

材料

天然木材（φ12～15 × 150mm）……… 1本
加工板（雑木丸スライスや木版画用の板など・100×150×t10mm）……… 1枚
支柱用丸棒材（φ12 × 120mm）……… 1本
木ネジ（3.2 × 20mm）……… 2個

使用する道具

バイス、ノコギリ、
電動ドライバー、
ドリル刃（2.0mm・6.0mm）、
木工ドリル刃（12mm）、
さしがね

つくり方

1 底板に対角線を引き、中心をけがきます。

2 底板の中心に支柱取りつけ用の下穴を開けます。下穴は貫通させます。

3 ボアビットで台座に支柱を差し込む穴を開けます。貫通させずに底板の厚みの半分程度を残しておきます。

4 支柱を仮に差し込み、底板側から 2 で開けた下穴に合わせて、支柱にも下穴を開けます。

5 止まり木の中央に支柱を差し込む下穴を開けます。下穴は貫通させます。さらに、ドリルで穴開けをします。こちらは貫通させず、止め穴です。

6 止まり木が接触する部分を少し削り、平らにします。

7 台座と支柱を組みます。木ネジを8割程度締めつつ、さしがねで直角を確認してから締めていきます。

8 止まり木と支柱を合わせて下穴を開けます。

9 止まり木をしっかり取りつけ、完成です。

＊ポイント

台座の横幅と止まり木の長さを合わせると、安定します。

おいで棒

高いところに止まって降りてこない鳥を連れ戻すための「おいで棒」です。
T字スタンドの応用でつくることができます。

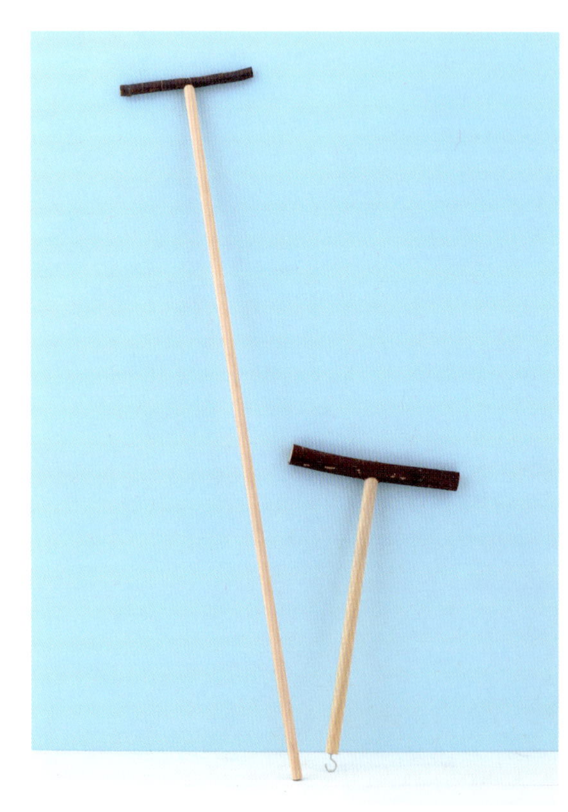

材料

丸棒材
（φ12×900mm）……… 1本
止まり木木材
（φ15×150mm）……… 1本
木ネジ
（3.2×20mm）……… 1個
ひーとん（No.6）……… 1個

＊大型の鳥用は
丸棒材
（φ15×350mm）……… 1本
止まり木木材
（φ25×150mm）……… 1本

使用する道具

バイス、ノコギリ、
電動ドライバー、
ドリル刃（2.0mm・6.0mm）、
木工ドリル刃（12mm）

＊大型鳥用は
ボアビット（15φ）を使用

つくり方

1 基本のT字スタンド（55ページ）を参考に、支柱と止まり木を組み立てます。

2 支柱の下部の中央に穴を開けます。

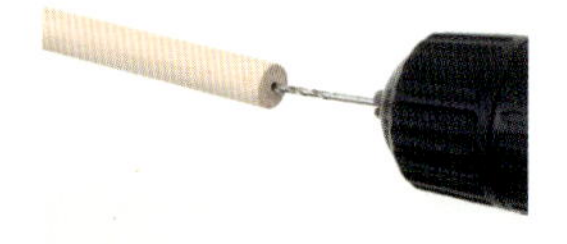

3 2で開けた穴にひーとんをねじ込みます。

知っておきたいネジのこと

工作の時にどのくらいの長さを選ぶか迷うことがあります。目安は、下側の板厚の半分以上の長さのネジを選ぶことで、しっかり締結でき、安定感を出すことができます。

ネジの規格

寸切りネジ等を木材にねじ込む場合、あらかじめネジの谷の部分の直径で下穴を開けてからネジを入れます。その際、下穴の規準があります。表を参考にドリル刃を選びます。金属材料の場合の寸法となっていますが、木材の場合は0.1〜0.2㎜程度小さくても問題ありません。この寸法のドリルは市販のドリルセットに含まれています。

ネジの単位

ネジには定められた規格があり、同規格のものは互換性があります。日本では1メートルを規準としたメートルネジが一般的ですが、海外製の製品では1インチ（25.4㎜）を規準としたインチネジもあります。

写真はM5×20㎜なべネジで、ネジの直径がM5規格で直径5㎜となります。

ネジの長さの決め方

ネジには様々な長さがあります。

メートルネジ下穴

呼び	ドリル径
M4 × 0.7	3.3
M5 × 0.8	4.2
M6 × 1	5
M8 × 1.25	6.8

M5 × 20mmナベネジ

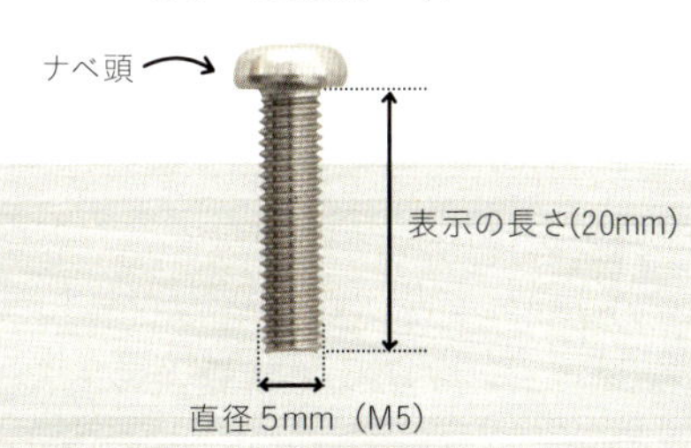

お出かけ用T字スタンド

基本のT字スタンドを
分解できるように発展させたものです。
愛鳥さんとのお出かけや、
トレーニングスクール等へ参加される時、
コンパクトに運ぶことができます。

材料

天然木材(φ12～15×170mm)………1本
加工丸材(φ140×t10mm)………1枚
支柱用丸棒材(φ15×200mm)………1本
オニメナット(M4×10mm)………2個
ナベビス(M4×20mm)………1個
スプリングワッシャー(M4)………1個
木ネジ(3.2×20mm)………1個

使用する道具

バイス、ノコギリ、電動ドライバー、ドリル刃(2.0mm・6.0mm)、木工ドリル刃(12mm)、差しがね

つくり方

1 台座の中心に下穴と支柱取りつけ穴を貫通させます。

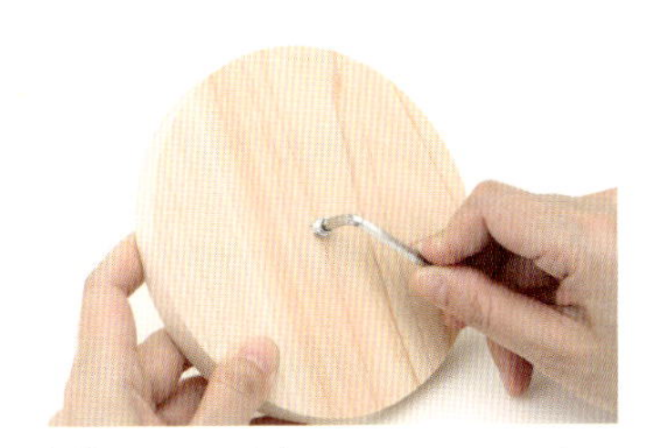

2 支柱取りつけ穴にM4のオニメナットを取りつけます。

3 台座裏側からM4のナベビスを取りつけます。その際、スプリングワッシャーも使い、緩み止めとします。

4 支柱は「基本のT字スタンド」(55ページ)を参考に組み立て、台座に差し込む部分にオニメナットを取りつけます。

5 組み合わせてできあがりです。

組み立てスタンドパーチ

愛鳥さんとのお出かけの時に、
一緒に持って行けるスタンドパーチです。
分解組み立てが簡単にでき、持ち運びできます。
重量があり安定していますので、
鳥のオフ会用スタンドにもなります。

材料

市販脚付き棚板（300×300mm）……… 1枚
丸棒（φ30×400mm）……… 1本
寸切ボルト（M6×50mm）……… 1本
ステンレス大ワッシャー（M6）……… 1個
ステンレス蝶ナット（M6）……… 1個
ステンレストラスビス（M4×25mm）……… 4個
ステンレス平ワッシャー（M5）……… 4個
基本の止まり木（30ページ参照）……… 2本

使用する道具

バイス、ノコギリ、電動ドライバー、ドリル刃（2.0mm・6.0mm）、ボアビット（25mm）、ヤスリ、さしがね、モンキーレンチ

つくり方

1 底板は、市販の棚板を使用します。中央に5mmの穴を開けます。

2 板には脚が付属しており、木工ボンド使用で固定することになっていますが、ここはステンレスのトラスビスで固定します。割れ防止のためにM4程度、平ワッシャーと併用して固定します。

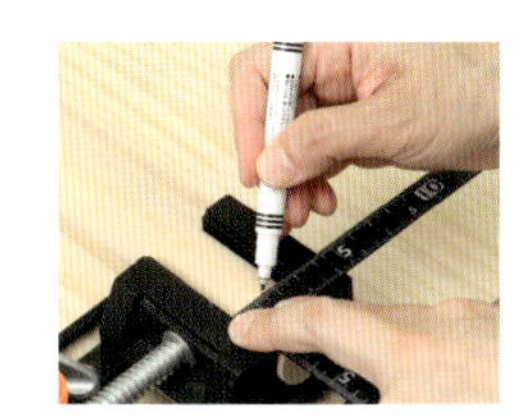

3 支柱用の棒の上部から10〜20mmの位置の中心をけがきます。

4 3でけがいた部分に、支柱の中心を狙って下穴とボアビットで深めに穴を開けます（貫通はさせない）。

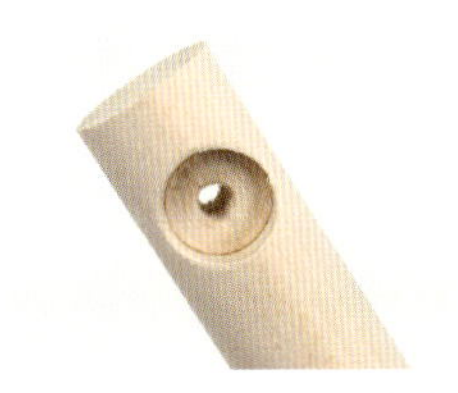

5 6mmのドリル刃で、止まり木とネジを取りつけるための穴を開けます。

6 支柱の下側に下穴を開けてから、寸切ボルトをモンキーレンチを使って入れます。台座に蝶ナットで支柱を組みます。

7 止まり木を取りつけてできあがりです。

小さいプレイジム

小型〜中型の鳥が楽しめる
プレイジムです。
台座となるフレームに角材の支柱と
止まり木を組み合わせた仕組みです。
スタンド部分は、前半で紹介した
T字スタンドを参考につくります。

材料

19角SPF材
(300mm) ……… 2本
(100mm) ……… 2本
(120mm) ……… 1本
(160mm) ……… 1本
丸棒材
(φ12×145mm) ……… 1本
(φ12×100mm) ……… 2本
(φ12×70mm) ……… 3本
天然木材
(φ12程度×140mm) ……… 1本
スリムビス(3.3×25mm) ……… 13個

使用する道具

バイス、ノコギリ、
電動ドライバー、
ドリル刃(2.0mm・6.0mm)、
木工ドリル(12mm)、
ヤスリ、紙ヤスリ、さしがね

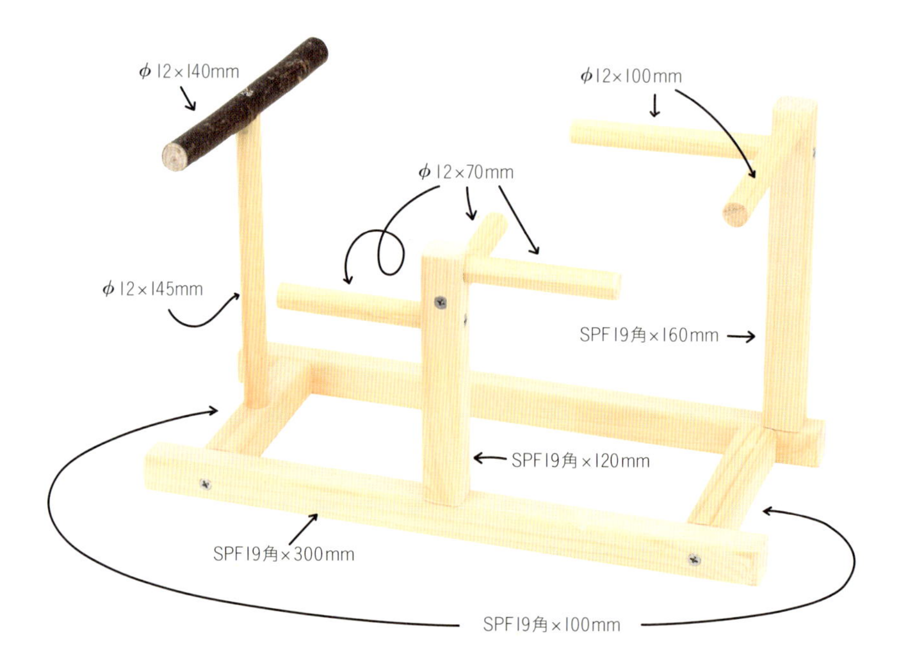

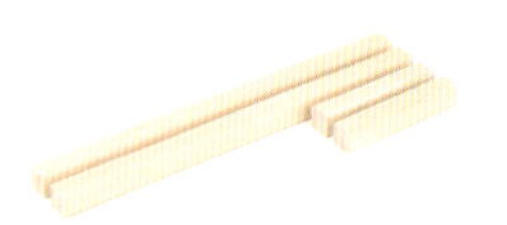

1 台座の長い方の角材2本(以下縦引き)、短い方の角材2本(横引き)を切り出しします。平行をとるために、短い方の角材は寸法をぴったり揃えて切断面を垂直にカットします。1〜2mm程度長くカットして、ヤスリで仕上げると確実です。

2 垂直カットができたかの確認は、さしがねを当てて行います。

3 垂直が出ているのを確認した後で、紙ヤスリなどでカット面の面取りを行うとよいでしょう。

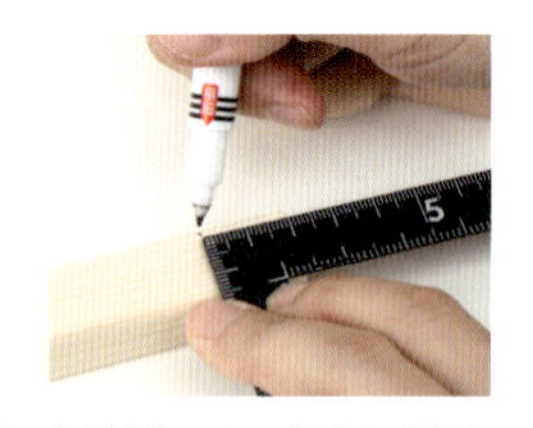

4 台座をハシゴ型に組みます。横引きの取りつけ位置を縦引きの1本の端から20mmの部分にけがきます。

5 けがき線を頼りに横引きの位置出しをします。水平な面の上に角材を置き、取りつけ位置と垂直を確認しながら木ネジを入れる2mmの下穴を2つの部材に一度に開けます。

6 下穴が開いたら、角材の外側となる面の下穴を少し拡げます。これは、固定する際に、材料を割れにくくするためです。ドリルの先端を穴に差して回すと穴が広がります。

7 下穴が完了したら、ハシゴ型への組立てを行います。スリムビスを入れる時は、縦引きの角材から少し飛び出すまでねじ込み、横引きの角材の下穴に合わせてから再度垂直・水平を出し、しっかり締めつけます。

8 4ヵ所の木ネジの締めつけが終わったら、水平・垂直を確認します。

9 再度水平な面に置いて台座にゆがみがないかを確認します。

止まり木部分のつくり方

1 支柱に当たる角材、φ12の丸棒を切り出します。止まり木は2タイプ合わせて角×2本、丸棒×5本使用します。取りつけ面は垂直になるように、ヤスリで整えます。

2 角材の止まり木を取りつける部分に下穴を開けます。

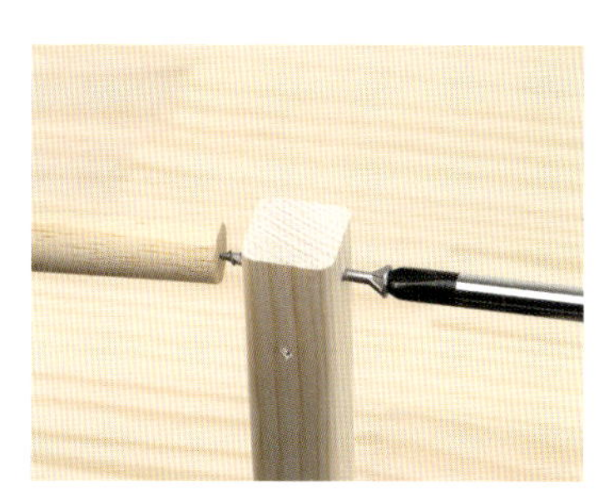

3 角材にスリムビスを貫通させます。止まり木の丸棒の中心に印をつけてからねじ込みます。

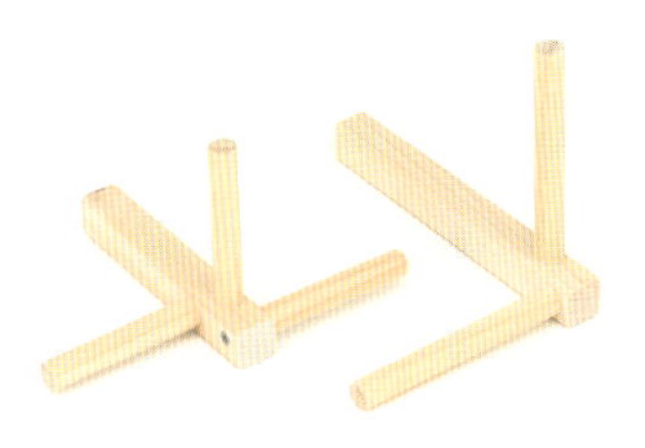

4 同様に他の止まり木も角材に固定します。

5 T字スタンドは55ページを参考につくります。

6 止まり木の支柱とT字スタンドを台座に取りつけます。各パーツの取りつけ位置に下穴を開けてから、ビスを締めます。固定は支柱を立てた状態で垂直を確認しながら行いましょう。

材料

天然木材（φ12程度×140mm）……… 1本
白木材（30×35×t10mm）……… 2枚
スリムビス（3.6×30mm）……… 1個
オニメナット（M4×10mm）……… 1個
ステンレス大ワッシャー（M5）……… 1個
ユリアネジ（M4×16mm）……… 1個
天然木材（φ30程度×200mm）

使用する道具

バイス、ノコギリ、ヤスリ、
電動ドライバー、
ドリル刃（2.0mm・6.0mm）、
六角レンチ（4mm）、
ボアビット（15mm）

つくり方

1 止まり木材を鳥が持ちやすい長さにカットします。

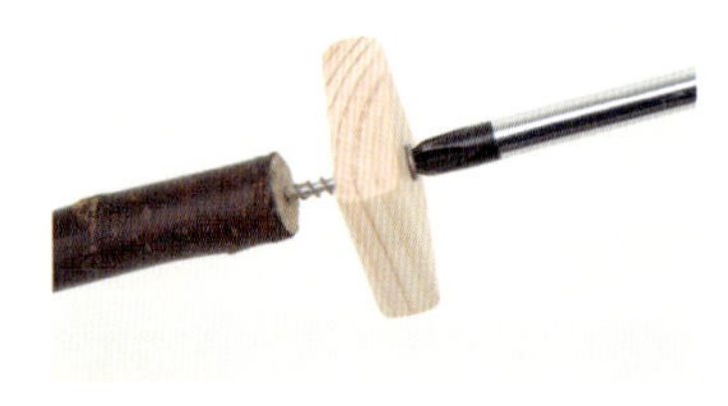

2 片側に下穴を開け、スリムビスでSPF角板を止まり木材に固定します。

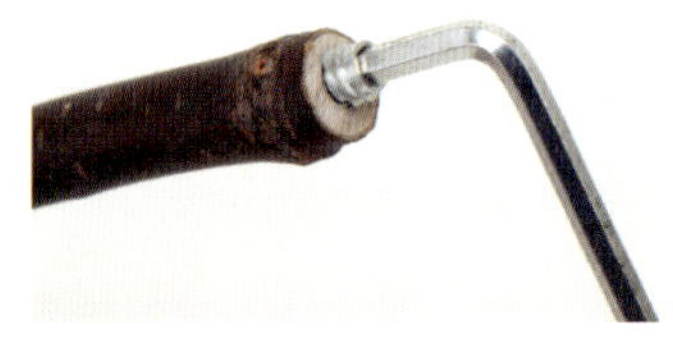

3 止まり木の反対側には下穴を開けて、オニメナットを取りつけます。

4 φ30の天然木材を5〜8mm程度に切り出し、15mmのボアビットを使い貫通穴を開けます。バイスで固定する際に当て木をします。

5 もう1枚の角板の中心に、5mm程度の穴を開けます。止まり木にリングを通してから、ユリアネジで組み立ててできあがりです。

＊ポイント

作例では、市販の木製リングも使用しています。

輪っかでガラガラおもちゃ

止まり木形状の木材に、木製のリングを組み合わせたおもちゃです。
木のリングを外そうとして振り回して音を出したり、
かじって遊ぶことができます。
片側を分解可能とすることにより、木のリングの交換ができます。

お部屋で揺れるロープ

市販のφ12の綿ロープを止まり木として利用するものです。
太めのロープを使うことにより、中型の鳥まで使用できます。
お部屋のサイズに合わせてロープをカットします。

つくり方

1 綿ロープの「なめし」を行います。必要な長さより少し長めに切り出し、煮沸消毒をします。弱火で2時間程度、必要であれば水を追加しながら煮沸します。消毒、防虫対策です。洗濯機で脱水してから、日陰干しで乾燥させます。

2 室内にかけるために、ロープ金具で端に輪をつくります。金具はプライヤーなどで簡単に折り曲げて固定できます。

3 強度を高めるために、金具の裏側の爪を釘などを使い叩きます。

材料

綿ロープ（φ12mm）
ロープ用金具（φ12mm用）

使用する道具

カッター、プライヤー、
ハンマー、釘

＊ポイント

3方向へロープを張る場合は、作例のように3方向へフックをつけた円盤を使用するとロープを張り巡らせることができます。

ロープにも重量がありますので、しっかりした固定方法が必要です。万が一外れた場合などのことも考え、ストーブなどの暖房器具の上への設置は避けてください。

かもいなどにネジを打って固定する場合は、大きめのフック（耐荷重5kg以上）を使います。

室内にかける方法

ドアフックを利用して室内ドアに引っかけます。

Column
鳥さんが喜ぶ
ひと手間
2

お部屋に止まり木を設置する方法

愛鳥さんの放鳥時間を充実させるための、高い位置への天然木止まり木の設置方法です。カーテンレールやかもいクランプを利用すれば、壁に穴をあけずに設置できます。

止まり木材の選び方

まっすぐな枝材を選ぶと、鳥が止まった時に回転したり、くつろぎにくいものになります。少し湾曲した枝を選び、たわんだ部分が下になるように設置すると安定します。長さは1mほどのものを使用し、両端に取りつけ用フック「ひーとん」をねじ込みます。

高さと設置方法

止まり木の両端にひーとんをつけ、麻ひもやステンレスチェーンを使って吊るします。止まり木の高さは最も低い位置で170cm程度にすると、人が下を通った場合も干渉がありません。

●カーテンレールを利用する
カーテンレールのステーの部分にS字フックを取りつけ、止まり木を引っかけます。

●カーテンレールとL字ステーを利用
カーテンレールの取りつけステーとビスを利用し、そこに市販のL字ステーを共締めして取りつける方法です。カーテンレールの上に止まり木がきますので、カーテンの開閉時に邪魔になりません。

L字フックを使用して、
カーテンの開閉の邪魔にならないタイプ。

カーテンレールにS字フックで
取りつけた状態です。

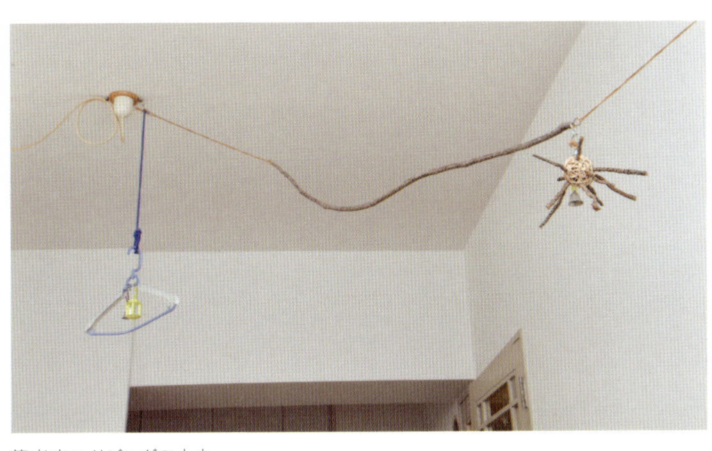

筆者宅のリビングの止まり木。壁に1つも穴を開けずに設置しています。

●ペンダント用ローゼットを使用

お部屋に既設の天井づけのシャンデリアなどの取りつけフックを使う方法です。ローゼットは天井取りつけのコンセントですので、鳥が近づいてしまう場合は使用しないでください。

●かもいクランプを使用した取りつけ

市販のかもいクランプを使用しても取りつけができます。この場合はクランプが耐荷重2kg程度までですので、使用する鳥さんの合計体重にも注意が必要です。

市販のかもいクランプを使うと、壁などに穴をあけずに取りつけることができます。

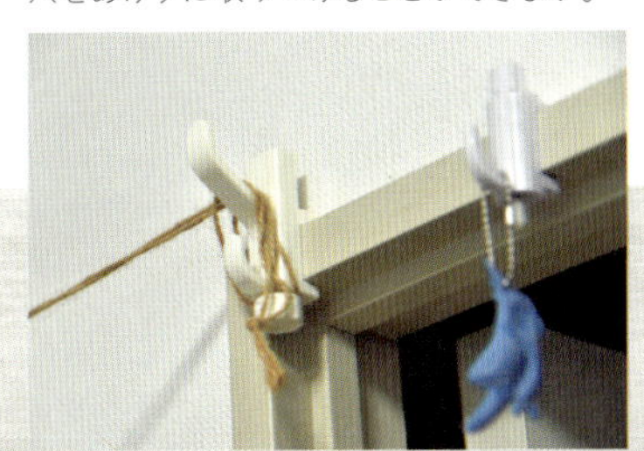

天井のシャンデリアの取りつけフックを利用しています。鳥が天井のコンセントをかじる場合は使用しないようにしましょう。

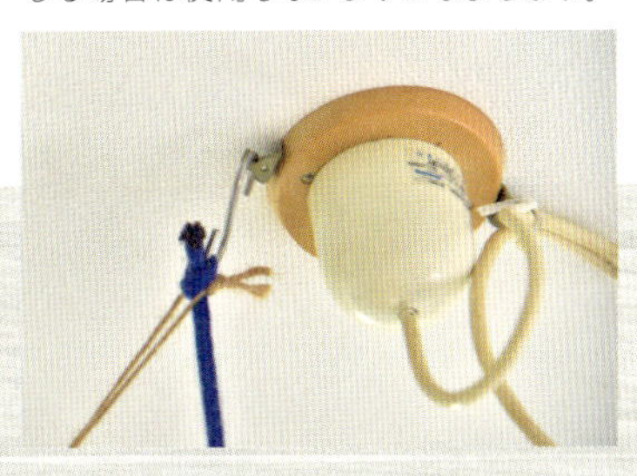

あると便利なキャスター台

「DIYこだわり工房」では、もっと難しいものに挑戦したいという方に、より複雑な工作のアイデアやこだわりの材料などをご紹介します。上級者向きなので、つくり方はポイントを示しています。まずは、大型鳥のケージを動かすのに便利な「キャスター台」をご紹介します。

大型鳥が使う大きなケージは重量もあり、室内での移動が大変ですが、キャスター台などを自作することによって、ケージの大きさにもぴったりで、住居内の通路に合わせた寸法などで簡単に移動させることができます。

作例は「HOEI465オウム」に合わせたキャスター台です。移動中のケージの落下防止のために、焼桐工作材でストッパーを取りつけています。

板はテーブルトップボードなどの加工済みの化粧板を使用しています。人が使いやすい形に加工がされているもので、作例の材料では取っ手部分があらかじめくり抜いてあり、楽に持ち運びができます。表面は化粧板ですので、水洗、水拭きなどのお手入れも簡単です。

材料

テーブルトップボード
(450×600×t24mm)
……… 1枚、
焼桐工作材
(90×300mm) ……… 2枚
ナイロン双輪キャスター
(30mm) ……… 4個
(内、2個はブレーキ)
木ネジ
(3.3×25mm) ……… 6個
木ネジ
(3.3×12mm) ……… 16個

使用する道具

ノコギリ、ヤスリ、電動ドリル、
ドリル刃 (2.6mm)

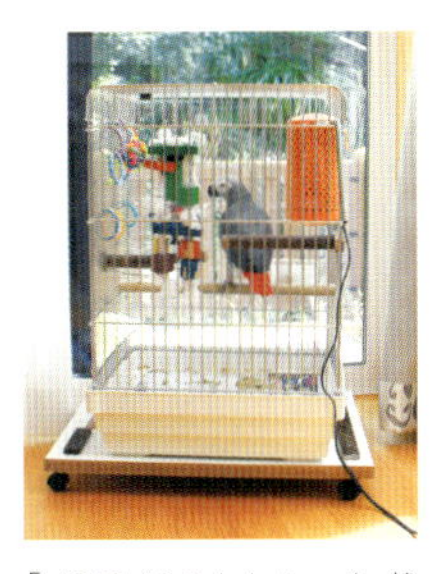

「HOEI465オウム」を載せた状態。キャスター台があれば、楽に移動できるため、日向ぼっこや外の景色を見る時間が増え、ごきげんなヨウム。

1 材料を用意します。キャスターは4つありますが、その内2つはブレーキつきです。ブレーキがあれば、不用意に動くことなく、地震の時など安心です。

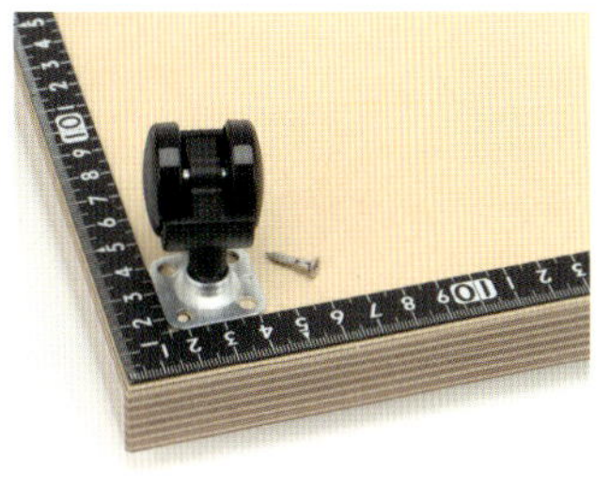

2 化粧板にケージの幅をあけて、焼桐工作材をユリアネジで取りつけます。板の取っ手に合わせて、適宜カットして取りつけます。板の裏側にキャスターをつけます。その時、さしがねを当てて位置決めをします。

適材適所、
機能を知って
使いこなそう

いろいろなキャスター

面打キャスター

樹脂製の車輪の代わりに金属ボールを用いているキャスターです。このタイプは取りつけの高さを低く抑えることができます。金属ボールが車輪の役目をしていますので、他のキャスターと比べて方向転換が容易です。ただし、フローリング床などを傷つける場合があります。凹凸のある場所での走行は、車輪タイプのキャスターより苦手ですが、鳥にかじられる心配はありません。

ナイロン製双輪キャスター

組み立て家具などに付属しているキャスターです。ブレーキのレバーもナイロンでできており、取り扱いが簡単なのも特徴です。

ナイロンキャスター

強度のあるナイロン製のキャスターです。転がりは軽いですが、走行音は大きいです。耐油性は高く、車輪の強度があります。長期使用でも劣化が少ないです。

ゴム車輪キャスター

屋内・屋外問わず、作業現場などで多く用いられているキャスターです。
転がりは少し重いですが、走行音が静かです。耐油性は低く、長期使用で車輪が劣化すると、床を汚す可能性あり、鳥にかじられる可能性もあります。

DIY上級編

工作に慣れてきたら、大きいものや複雑な構造のグッズに挑戦しましょう。
壊すのが大好きな鳥たちが、もっと楽しく、もっと賢くなるような、
機能性の高いものをご紹介します。

PLAY

フォージングカプセル

通称ガチャガチャと呼ばれているカプセルトイの
カプセルを使ってつくるフォージンググッズです。
容器を回転させるとごはんが落ちてくる仕組みです。
プラスチックの加工がやや難しいですが、ぜひトライしてみましょう。

つくり方

1

カプセルの上下の頂点に、ボルトを通す穴を開けます。頂点には成型のためのくぼみがありますので、そこを中心点に6mmの樹脂用ドリルで開けます。

＊写真のカプセルは、頭頂部のまわりに4つの穴が開いている製品です。

2

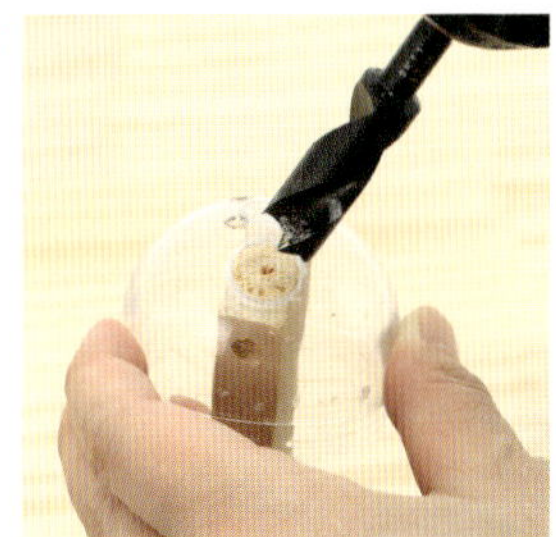

カプセルの下側(透明な方)に、エサが落ちる穴を開けます。カプセルをドーム状に見立て、頂点から約45度のあたりに12mmの樹脂用ドリルで穴をあけます。対になるように、もう1ヵ所、計2ヵ所開けます。

3

カプセルの下側(透明な方)にエサの補給用の穴を開けます。カプセルの上下を組み合わせる溝から数ミリの部分に樹脂用ドリルで穴を開けます。

4

キャップボルトをカプセルに通して、平ワッシャー、蝶ナットで留めます。中におやつを入れて回転させると、横穴から落ちるしくみです。

材料

カプセル
（ガチャガチャ）……… 1個
ステンレス製キャップボルト
（M6×90mm）……… 1個
ナット（M6）……… 1個
平ワッシャー（M6）……… 1個
蝶ナット（M6）……… 1個

使用する道具

電動ドライバー、
樹脂用ドリル刃
（6mm・12mm）、
カッター、ヤスリ

大きいプレイジム

500～600g程度までの大きな鳥に楽しんでもらうためのプレイジムです。
支柱に螺旋階段を設け、鳥にアップダウンを楽しんでもらえる仕組みです。
重心を下げて安定させるためと、強度が必要ですので、
比較的重量のある加工板を台座として使用します。

材料

パイン加工材（600×400×t15mm）……… 1枚
丸棒（φ30×600mm）……… 2本
丸棒（φ15×90mm）……… 8本
丸棒（φ15×160mm）……… 1本
丸棒（φ15×140mm）……… 1本
天然木材（φ25程度×400mm）……… 1本
天然木材（φ20程度×200mm）……… 1本
加工木円盤（140×t15mm）……… 1枚
ステンレスよーと（小）……… 2個
チモシーロープ……… 2m
ステンレス木ネジ（4.2×65mm）……… 2個
ステンレススリムビス（3.6×30mm）……… 14個

使用する道具

バイス、ノコギリ、電動ドライバー、
ドリル刃（2.6mm・6mm）、
木工ドリル刃（15mm）、
ボアビット（15mm・25mm）、
さしがね、ヤスリ

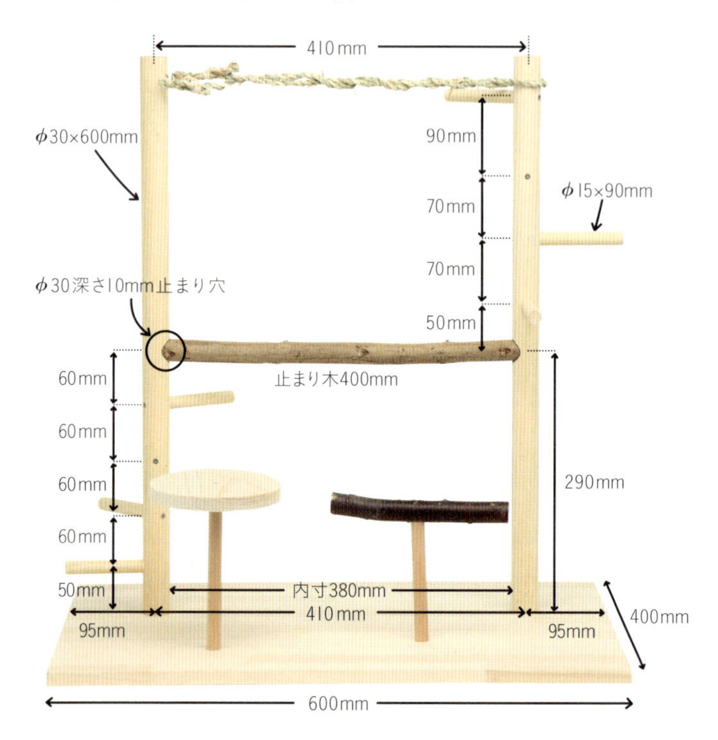

支柱に穴開け加工を行う

1 鳥が使いやすい螺旋階段の開きは45度程度なので、その位置を決めていきます。作例では1段目の芯を床から50mmとします。2段目からは60mmの高さとするので、最上段は290mmの位置となります。1段目、最上段をそれぞれけがきます。

2 まず90度を割り出します。1の作業ではバイスで固定していた丸棒にさしがねを当てて、1でけがいた1段目の印が床から35mmのところまで回転させます。35mmは、床から丸棒までのバイスで固定した高さ20mm＋丸棒の半径15mmを足した数値です。

3 同様に、3、5段目の位置も決めて、下穴を開けます。

サイズの出し方

この作例で重要なのは、サイズの出し方です。材料に長さや太さは表示していますが、なぜ、このような寸法になったかをご紹介します。

まず、できあがりをイメージして、各材料の寸法出しをします。台座の板の大きさは決まっているので、それを基準に考えます。ジムで遊んでいる鳥のふんが落ちても、台座で受け止められるように、中央の天然木の止まり木は400mmとします。

次に、支柱を立てる位置を決めていきます。止まり木は400mmなので、その外側に支柱を取りつけます。支柱と支柱の芯々寸法を410mmとすると、内寸は380mmとなります。支柱の外寸は440mmとなり、台座に収めるために階段状の丸棒材は90mmとなります。

ちなみに、穴開け加工に使用するφ25のボアビットの刃の高さが10mmですので、400mm－20mm（穴の深さ10mm・左右）となり、内寸は380mmとなっています。穴の深さが一定でないと、完成品がガタついた見栄えになります。刃の深さなど、一定の基準にすると仕上がりがよくなります。

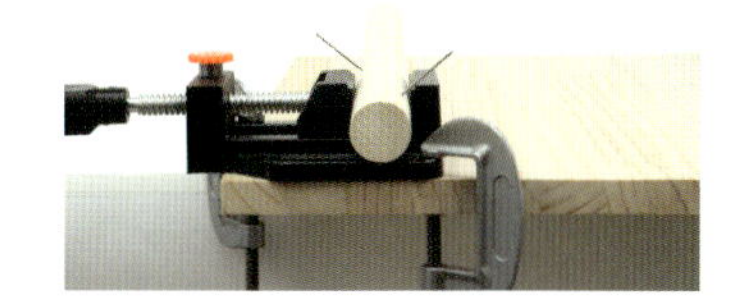

4　1、3段目にドリル刃を仮に入れて、分度器で45度を出します。

5　分度器上部のラインが水平になればOKです。

6　1～5段目すべての下穴を開けたら、ボアビットで止まり木を差し込む穴を開けます。

7　止まり木の両端に下穴を開けてから、支柱に木ネジでH型になるように取りつけます。ネジを締めたら、止まり木の長さと支柱の内寸が同じになっているか確認します。

パーツの組み立て

8　2本の支柱によーとをねじ込みます。

9　止まり木は55ページ、テーブルは59ページの「お出かけ用T字スタンド」の台座を参考にパーツをつくります。

10　台座に支柱の内寸をけがき、下穴を開けたら、底側から木ネジで固定します。

11　H型の止まり木の手前に、T字の止まり木、テーブルをユリアネジで取りつけます。最後によーとにチモシーロープを取りつけます。麻ひもでロープの両端を縛り、輪にするとよーとに引っかけやすくなります。

大型鳥向けのスタンド

コンゴウインコなど、大型鳥向けの
大きなスタンドです。
重量があり、安定感があります。
分解できることによって
お手入れも簡単です。

材料

パイン材加工円盤（ϕ450 × t15mm）……… 1枚
丸棒材（ϕ50 × 900mm）……… 1本
木ネジ（4.2 × 65mm）……… 1本
ハンガーボルト（M6 × 50mm）……… 3個
ステンレスワッシャー（M6）……… 3個
ステンレス蝶ナット（M6）……… 3個
ゴム脚……… 4個
木ネジ（3.1 × 16mm）……… 4個

使用する道具

バイス、ノコギリ、
電動ドライバー、
ドリル刃（2.6mm・6mm）、
ボアビット（35mm）、
ヤスリ、さしがね、プライヤー、
モンキーレンチ

つくり方

1 78ページの大きなプレイジムの要領で支柱に穴を開けます。下から150mmを1段目として、支柱に45度の階段状になるように9個開けます。

2 底板の裏面に下穴を開けてから、支柱を木ネジで取りつけます。

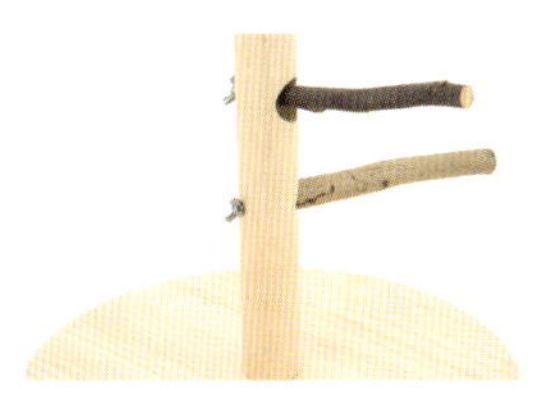

3 30ページを参考に止まり木を9本つくり、支柱に取りつけて簡単バージョンは完成。

ひと手間かけて、さらに便利に！

4 底板に三角形になるように3ヵ所下穴を開ける。穴をあけたら、2で取りつけたユリアネジをはずします。

5 外した支柱にも三角形になるように2ヵ所下穴を開けてから、ハンガーボルトをねじ込みます。その時、隣合う蝶ナットがぶつからないように、モンキーレンチを使って支柱の芯に向けて少し斜めにボルトをねじ込みます。

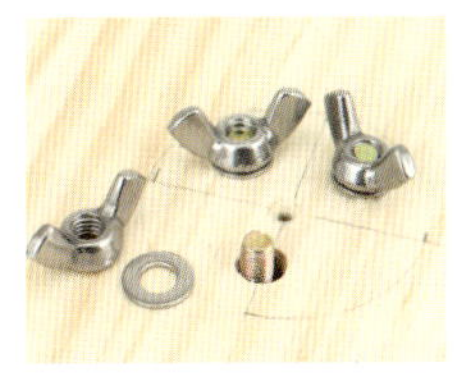

6 底板にも8mmの下穴を開けて、支柱のハンガーボルトに蝶ナットで取りつけます。

7 滑り止めのゴム脚を底板の縁に4ヵ所つけて完成。

フォージングプレート

アクリルのフタをずらして開けるとごはんが手に入る、
というフォージンググッズです。
作例はフタの一部にミラー状の素材を使っているため、
鏡好きな鳥は大興奮です。

つくり方

1

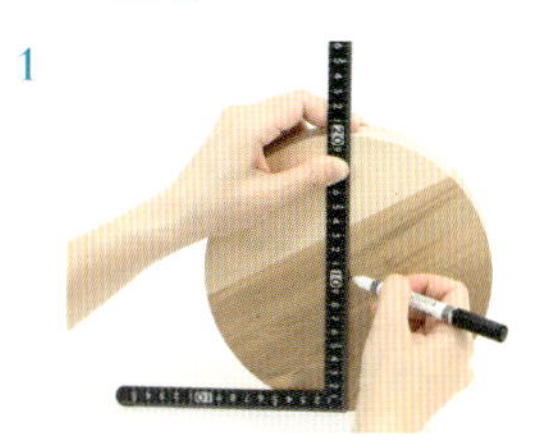

円の半径を利用して中心を出し、そこから90度違いでフタの取りつけ位置をけがきます。

フタの寸法より5～10mm小さいサイズで食器用の穴を開けます。大きいクランプを使用してしっかり固定します。材料側に傷がつくのを防ぐため、当て木をして固定します。穴開けは下穴を垂直に開けたうえ、ボアビットで一気に開けると上手く開きます。

3

紙ヤスリでバリを取り、軸付ブラシで磨いて穴の内面をキレイにします。

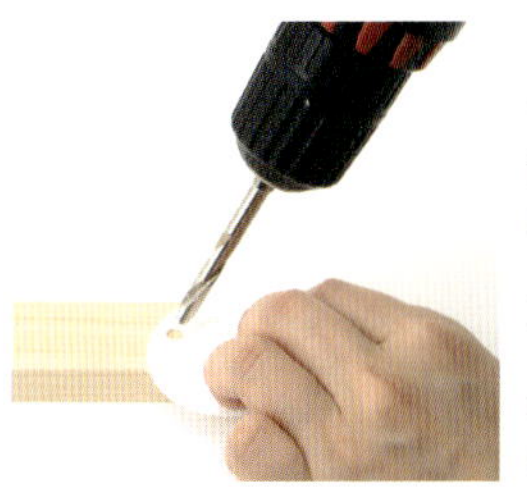

フタに軸を通す穴を開けます。アクリルの端部分は割れやすいので、ゆっくり慎重にアクリルドリルを使いましょう。下側に当て木をします。作例では4mmの穴を開けています。

5

プレートに下穴を開けて、フタを載せて一度ネジを軽く締めてから、1/4～1/2回転戻すとフタのガタつきが少なく取りつけることができます。

材料

加工円盤
（φ200 × t24mm）
………… 1枚

アクリル円盤
（φ50 × t24mm）
………… 4枚

スリムビス
（3.6mm）………… 4個

使用する道具

大型クランプ、
電動ドリル、
ドリル刃（2.6mm）、
ボアビット（35mm）、
アクリル用ドリル刃（6mm）、
ヤスリ、紙ヤスリ、
軸つきブラシ

＊ポイント

アクリルのフタをミラー状のものにすると、鳥が自分の姿を映して楽しむこともできます。

HOUSE

ガラガラおもちゃ

加工木材料を組み合わせ、
中に木製の球が入っているおもちゃです。
鳥さんが振り回すとガラガラと音がします。

つくり方

1

上下のフタとなる材料を切り出します。
市販の円盤でも大丈夫ですが、四角い板から切り出す場合は八角形などにするとよいでしょう。

2

フタの間に入るφ12丸棒を切り出します。4本カットしますが、なるべくすべての寸法とカット面の垂直が出ているのがベストです。さしがねで垂直を確認します。

3

片側のフタに丸棒を取りつけます。フタと丸棒にそれぞれ下穴を開けてから、ユリアネジで取りつけます。球を中に入れた後、反対側のフタを固定して完成です。

＊ポイント

球の代わりにクルミなどを入れると、鳥は取り出そうとおもちゃに夢中になります。

材料

加工材等
（70×70×t10mm）
………2枚
丸棒（φ12×80mm）
………4本
木ネジ
（3.2×20mm）
………8個
木製の球

使用する道具

バイス、ノコギリ、
ヤスリ、さしがね、
電動ドリル、
ドリル刃（2mm）

愛鳥さんの
バードコテージ

愛鳥さんが放鳥時に休憩場所として
過ごすことができる、
小屋の形をしたコテージです。
バルサ材のスレート状の屋根と、
薄手一枚ものの加工木の平板を
壁として使用しています。
壁の部分は溝つきの角材を支柱として
使用し、差し込んであるだけですので、
壊された場合は簡単に交換できます。
壁は段ボールにしてもよいでしょう。

材料

化粧板
(450×450mm×t18) ……… 1枚

溝付加工溝付角材
(25×500mm) ……… 2本
(25×400mm) ……… 2本

角材
(15×30×340mm) ……… 2本
(15×30×400mm) ……… 2本
(15×30×100mm) ……… 1本

バルサシート
(80×400×t2mm) ……… 6枚

シナ材版画板
(450×300×t4mm) ……… 2枚

止まり木用木材
(φ20×290mm) ……… 2本

丸棒
(φ18×260mm) ……… 1本

天然木材
(φ25×200mm) ……… 1本

ステンレススリムビス
(3.6×45mm) ……… 8個
(3.6×20mm) ……… 15個
(3.6×30mm) ……… 2個

ステンレストラスビス
(4.2×10mm) ……… 12個

使用する道具

バイス、ノコギリ、
小型ノコギリ、電動ドリル、
ドリル刃(2.6mm)、ボアビット(15・30mm)
ヤスリ、さしがね、カッター

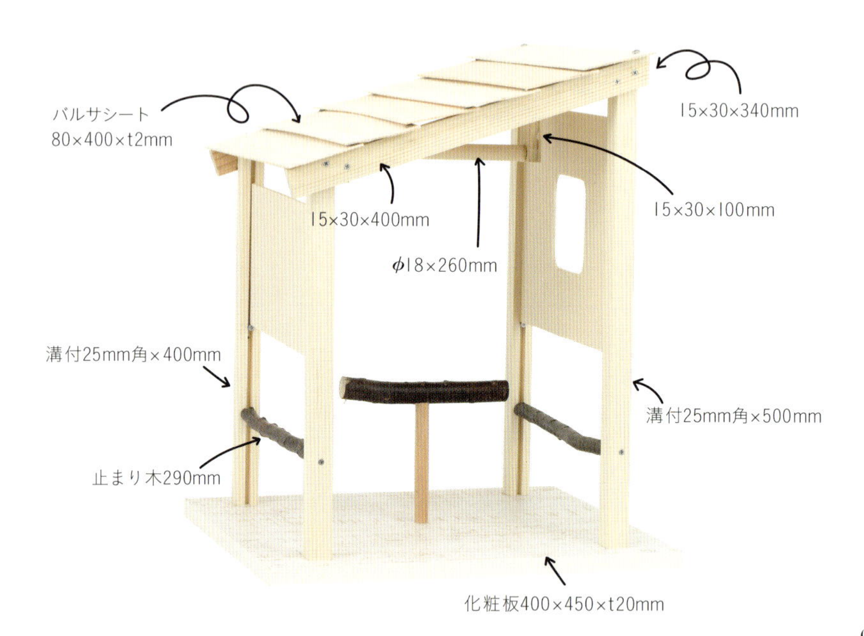

つくり方

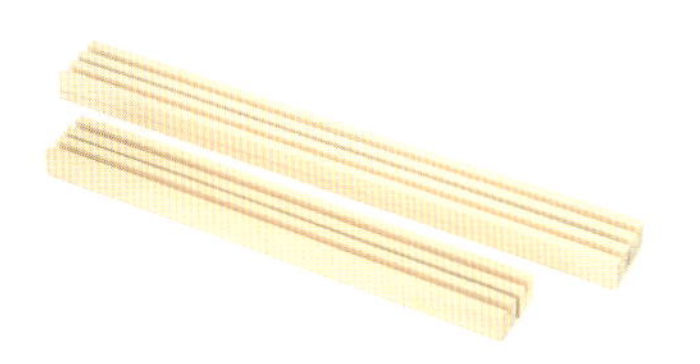

1 7〜8mmの溝がある溝つき角材を用意します。屋根に傾斜をつけるために、長いもの2本と短いもの2本を切り出します。

2 化粧板の左右端から50mm、手前・奥からそれぞれ30mmの部分に、溝付角材の取りつけ位置をけがきます。けがく時は支柱の四角い形を描きます。

3 化粧板に下穴を開けます。穴は、角材の溝の部分と重ならない部分に開けます。

4 支柱を垂直に取りつけします。化粧板の裏側から下穴を開け、皿もみをして支柱取りつけ用スリムビス(3.6×45mm)の頭が飛び出さないようにしておきます。

5 上側の補強材を取りつけます。支柱と直角になるように、側面の傾斜がある板をつけてから、手前・奥の垂直の板をステンレススリムビス(3.6×20mm)で取りつけます。

6 鳥が天井にのぼるための止まり木を、手前から奥に渡すようにステンレススリムビス(3.6×20mm)で取りつけます。

7 シナ材版画板で壁をつくります。窓の外枠をけがきます。

8 7の内側にボアビット30mmの半径15mm分内側に穴開けのガイドラインをけがきます。

9 ボアビットの中心をぴったり合わせて、穴開けをします。

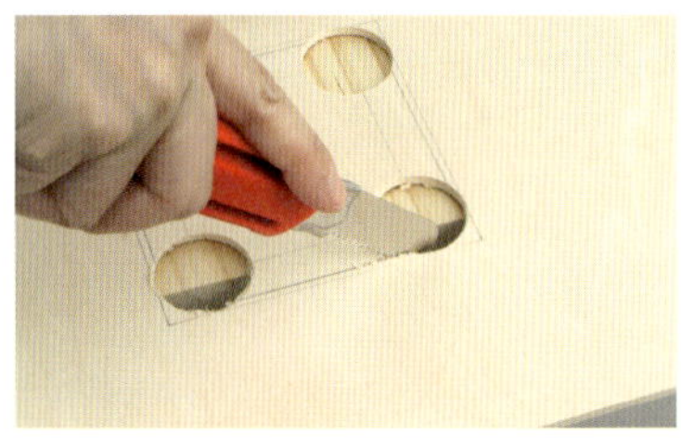

10 開けた穴の外周より少し内側の位置で、直線カットをします。小型ノコギリを使うとカットしやすいです。

11 切断面をヤスリで仕上げます。

12 スレート屋根を取りつけます。バルサ材は、前後20mm程度出るように取りつけます。屋根は下側の板から重ねてスレート状にします。バルサ材と補強材の位置を合わせ、下穴を開けてからトラスビス(4.2×10mm)で取りつけます。

13 側面の支柱に、止まり木としても使える天然木を横からステンレススリムビス(3.6×45mm)で取りつけます。

14 T字スタンドは55ページを参考につくります。コテージの内側中央にT字スタンドを取りつけます。化粧板と止まり木の支柱に下穴を開けてから、スリムビス(3.6×30mm)で取りつけます。

15 柱の溝に壁のストッパーとなるスリムビス(3.6×20mm)をつけます。

16 溝に壁板を取りつけます。片方の溝に板をななめにして差し込み、逆サイドをもう一方の溝に差し込み完成です。

Let's try!!
DIYこだわり
工房

フォージングおもちゃ　プッシュでごはん！

ホームセンターに行くと、実にたくさんの部材や道具が販売されています。部材を一から工作するのも楽しいですが、場合によってはすでに形ができているパーツを利用して、もっとおもしろい工作に取り組むことも可能です。今回は、ホームセンターで売っている様々な部材を活用して、フォージングのおもちゃ「プッシュでごはん！」をつくります。

パイプ状の加工木とスプリングを組み合わせます。鳥が上から筒を押すと下の穴から種子などのおやつが飛び出す仕組みです。サイズは大型鳥に適しています。

材料

木管（φ45×φ25穴×200mm）……… 1本
ステンレス押しバネ（線径0.80×外径10.0×全長70mm）……… 1個
丸棒（φ24×240mm）……… 1本
厚手の底板……… 1枚
トラスビズ（4×12mm）……… 1個
平ワッシャー（M6）……… 1個
ステンレススリムビス（3.3×35mm）……… 2本

使用する道具

バイス、ノコギリ、電動ドライバー、ドリル刃（2mm）、ボアビット（20・35mm）、ヤスリ

1 台座の適当な位置に、スプリングをユリアネジで取りつけます。作例では、平ワッシャーを使って固定しています。

2 φ45×25の穴あき棒に、φ24の丸棒が入るか確認します。ひっかかる場合は、丸棒がスムーズに動くようになるまで、ヤスリなどて内部を削ります。

3 調整した丸棒の外側の筒の真中あたりに穴を開けます。下穴を開けてから、ボアビットで貫通させます。

4 中の軸に穴(おやつの隠し場所)を開けます。スプリングに仮固定しながら、中の軸のストロークを確認し、手を離した状態で中の丸棒の穴が隠れ、フルストロークで穴が見える位置に穴を開けます。下穴を開けてから、ボアビットで種子などが入る程度の深さに開けます。

5 穴開けが終わったら再度動きを確認します。OKであけば外側の丸棒を台座にステンレススリムビスで固定して完成です。

押すと

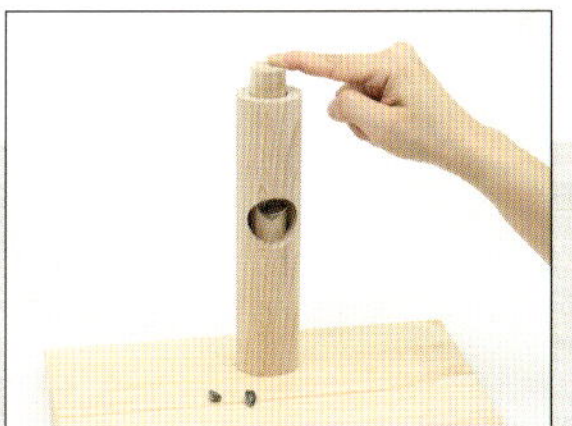

＼出る！／

APIS
tomate
Bonne Maman
Tartelettes
citron
du sucre de canne, du beurre frais, du fruit...

日常のケアと看護・防災

この章では、鳥たちが日常の中でより快適に過ごすために、
どのような環境をつくってあげるのがよいかを考えてみたいと思います。
また、老鳥や病気の鳥が無理なく過ごすための工夫、さらに、
災害への備えやいざという時の対処方法など、
鳥も人も安全・安心に暮らせるためのアイデアをご紹介します。

鳥たちが快適な日常を過ごすために大切なこと

前半ではＤＩＹによる止まり木等の工作をご紹介しました。ここから先は、普段の生活や看護に関することについて、お話しします。

野生下で暮らしている鳥たちは、自ら飛んで移動することによって、食事をとり、安全で快適な場所へ移動しながら暮らしています。

それに対して、私達と暮らすコンパニオンバードたちは、ケージ内・室内という限られた範囲の環境の中で暮らすのが基本です。飼い主が用意した環境がその鳥さんにとっての生涯の環境となります。

では、どのような生活環境がコンパニオンバードにとってよい環境といえるのでしょうか？

できることならば、鳥自身が選べる選択肢を複数用意する、ということです。私たち人間が1つだけ何かを用意して、「これを使え」というのではなく、「この中からどれが使いやすいのかな？」と、飼い主さんが愛鳥の様子を観察し、見極めるのが重要です。

また、人間の視点から見た「これがよい」という環境と、鳥の視点から見た「これがよい」は大きく違う場合があります。飼い主さんと愛鳥さんは同じような感情を持ち、一緒に暮らしていますが、私たちは人間、彼らは「鳥」です。陸上で暮らす人間と違い、命を繋いでいくために「飛行」という能力を備えた彼らのために、私たちが用意をしてあげなければならないことはたくさんあります。

私は「自分がこの鳥の立場だったら、どういう環境で暮らしたいか？」と考えながら、鳥のためのグッズなどを製作しています。

ケージはどう選ぶか

鳥の住居となる鳥かご（バードケージ）は機能と安全性を最優先で考えます。一番目に愛鳥に対して必要な大きさと安全で快適な生活空間が確保できるか、二番目に人から見て、メンテナンスや掃除などがしやすいか、がポイントです。

健康な鳥のために必要なケージの大きさは、愛鳥が羽根を大きく広げても前後左右どこにも接触しないのが最低限の広さで、これ以上の大きさが必要です。鳥の移動スペースを十分に確保します。そして、おもちゃなどは鳥の動線を考えた上で、ケージ内へ取りつけても安全性が確保できるものを選んで取りつけします。

止まり木なども複数種用意しておき、愛鳥が気に入っている止まり木を見極めましょう。ケージ内は常に3Ｄ（立体）で考え、愛鳥が十分に運動できる環境を用意してあげてください。

愛鳥と暮らす生活環境と保温管理 +/-

家庭で人と暮らすコンパニオンバードの生活環境では、「保温」が必要になる場合があります。温度は鳥の年齢や体調によって違い、実際の温度は飼い主さんが必要温度を見極め、整えてあげる必要があります。

現在、愛鳥と暮らしているならば、冬にヒーターをつけているはずです。この「ヒーターをつける」という行動はあくまで人間側の動きで、肝心なのは「鳥の生活空間は何℃になっているのか？」を知ることです。愛鳥が必要としている生活空間の温度を、飼い主が把握することから始めてください。

健康で、日頃保温を必要としない鳥の場合でも、体調不調時に保温が必要になる場合があります。飼い主は愛鳥のために「保温」というテクニックを身につけましょう。

鳥の運動量を増やす

前半でご紹介した室内の高い位置につける止まり木は、愛鳥さんと飼い主さんの暮らす室内空間を3D化するためのものです。限られた室内空間でも、低い位置のケージと高い位置の止まり木間を上下する飛行は、愛鳥さんに多くの運動量を提供することができます。また、愛鳥さん自身が「室内での飛行を楽しむ」ということにより、その暮らしをより充実させることができると考えています。

通常、鳥さんは下に向かっての飛行が苦手です。万が一、身に危険を感じ高い位置に飛んで逃げてしまった場合、そこから降りてこられなくなる個体もいます。

これは、室内の生活空間に十分な高低差を設け、愛鳥自身が縦横無尽に飛び回ることによって自然と克服できる可能性があり、万が一の際に高い位置から呼び戻すことができます。

室内環境を安全な状態にする

飛行中に接触する恐れのある、照明器具、ヒモ、インテリア類は取りつけないようにします。電球がむき出しになっている照明はやけどをする可能性があるので外しましょう。

窓ガラス、透明な室内ドア、姿見などは、鳥が行き止まりとわからず衝突する事故があります。衝突防止のため、カーテンを引くなど配慮します。

観葉植物は、鳥にとって有害なものもあります。植物を置く場合、鳥が食べても問題がないか確認しましょう。

飼鳥を危険にさらす最も多い事故がロストです。故意でなくとも、うっかり窓が開いていたなど、悲しい事故が頻繁に起こっています。人間が窓の開閉など注意し、玄関の手前に遮へいカーテンなどを設置しましょう。

ケージをセットしてみよう

おすすめは天然木の止まり木

ケージを購入すると、一般的な加工品の丸棒の止まり木が付属で2本ほどついてきます。これでも十分に使用できますが、表面が均一なので、鳥の足の裏の決まった部分だけに負担がかかったり、脚の力の弱い鳥だと滑って使いにくいこともあります。

これを天然木の止まり木にすると、滑りにくい、鳥の好みに合っている、様々な形状・太さで鳥がリラックスして過ごすことができます。

天然木の止まり木は、このような様々なメリットがあります。

ケージ内部のセット

止まり木は高い位置と低い位置にセットします。食器類が手前入口付近になりますので、手前の低い位置に1本、後ろの高い位置に1本が適切です。

鳥さんは本能的に高い場所の方が落ち着きます。

スタートのセット以降は、鳥さんの様子を見ながら止まり木やおもちゃ類を入れるといいでしょう。人側の好みや都合ではなくて鳥さんが自ら選べるように、いくつかの選択肢を用意してあげるようにしてください。

我が家では、ケージ内のおもちゃは必要最小限にして、羽を広げて活動できる空間の確保をしています。

HOEI465サイズ手のりを愛用するぴいちゃん。止まり木は日中過ごす所、就寝場所、頭をかく小さいものなど、鳥なりに使い分けています。

購入した状態は1〜2本の止まり木とエサ入れが付属しているものがほとんど。愛鳥仕様に変えてあげましょう。

ケージの置き場所について

ケージは、部屋の中でも愛鳥が過ごしやすい場所に置きます。どのようなところが鳥にとって過ごしやすいか考えてみましょう。

❶明るい場所
❷室内を見渡せる場所
❸飼い主さんと容易にコンタクトの取れる場所
❹飼い主さんと同じ視線の高さ
❺ケージの背後が壁など安心できる面になっている

これらすべてを備える場所を部屋の中で確保するのは、なかなか難しいかもしれませんが、愛鳥のために工夫してみてください。

我が家でのケージの配置

我が家では、ケージをリビングルームに設置しています。置き場所に当たっては、次のことに気をつけてみました。

❶カーテン等のケージへの接触がない位置
❷室内ドアと接触しない場所
❸エアコンの風の直接当たらない場所
❹冬場の保温に備え、外気の影響を受けにくい場所

そして決定したのがこの位置です［下図］。テレビも観れて、南側の窓から約1～2m離れた位置に置いてあります。ケージの背後は隣室との仕切り壁ですので断熱性も高くなっています。

ケージはテレビ台の上に置き、エアコンの風除けのためのビニールカバーを掛けています。

建物の都合上、エアコンの吹き出し口の直線上となってしまいますが、エアコンの風向左右調節によって、ケージに直接風が当たらないようにしています。

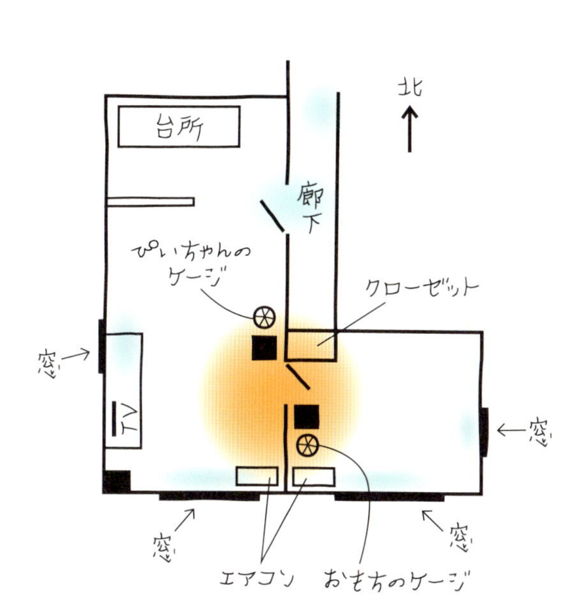

ケージの温度管理とプラケースを使用した保温環境

真冬など、室内温度が低い場合は健康な鳥にも必要ですが、5～6月頃の陽気でも、雛鳥や病鳥の看護には、保温（鳥の生活空間の温度を暖かく保つ）が必須です。

保温は、鳥の体のそばを暖めるのではなく、「鳥が吸い込む空気を暖める」というイメージで設置します。

病鳥の場合は必ず主治医の先生と相談のうえ、保温の度合いを決定するようにしてください。

ケージ内、プラケース内の温度調節は室内温度を加味して考えます。「室内が○○℃の時にケージ（プラケース）内は△△℃まで上がる」というように、室内温度という前提条件があります。ヒーターなどの器具は、容積空間に対して外気温プラス何℃まで上げられる、という性能表示をしています。

看護などの場合は、冬場に暖房を入れていない室内で、ケージやプラケース内だけを強力なヒーターで暖めるのではなく、ある程度の室温を保った状態で、生活環境を暖めるようにしてください。

保温器具の種類

保温の方法はいくつかあります。どのような道具を使うのか、状況や鳥の状態から判断します。ここでは、一般的な保温方法をご紹介します。

❶ひよこ電球（ペットヒーター）

ヒーター電球がケースに入ったものです。消費電力の表記によって温度を上げる能力を示しています。素早く暖まり、高温を保つことができますが、電球の表面は200℃を超える場合もあり、水濡れに気をつけるなど設置方法には注意が必要です。

また、シーズン使い始め等には点検

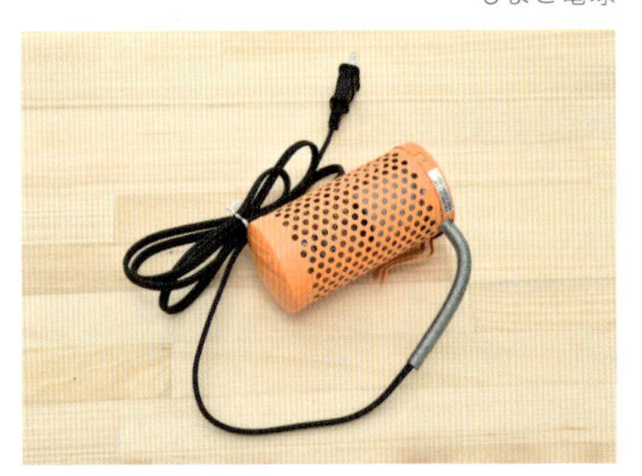
ひよこ電球

フィルム型ヒーター

と清掃などのお手入れが必要です（お手入れについては105ページ参照）。ひよこ電球には温度を調整する機能はついていませんので、別にサーモスタットの設置が必要となる場合があります。

❷フィルム型ヒーター

薄手の樹脂フィルムにカーボンなどをプリントしてあるものです。ひよこ電球と比べると取り扱いが簡単で、ケージの後ろや脇に設置して温度を上げることができます。

コンパクトなものは出力（温度を上げる能力）が低く、金属製のケースに入ったものは出力が高いです。薄手のものはプラケースの下などに敷いて使うと非常に有効です。製品によっては、温度自己調節機能やサーモスタットが内蔵されているものもあります。

❸スポット型ヒーター

一部分だけを暖めるのに有効なヒーターです。ひよこ電球や大きめのフィルムヒーターと組み合わせて使用します。

❹サーモスタット

これは保温器具ではなく、温度管理をする器機です。ケージやプラケース内の飼育環境の温度を測定し、必要な温度になるようにひよこ電球へ送られる電気のON・OFFを行います。

ケージに設置したサーモスタット。

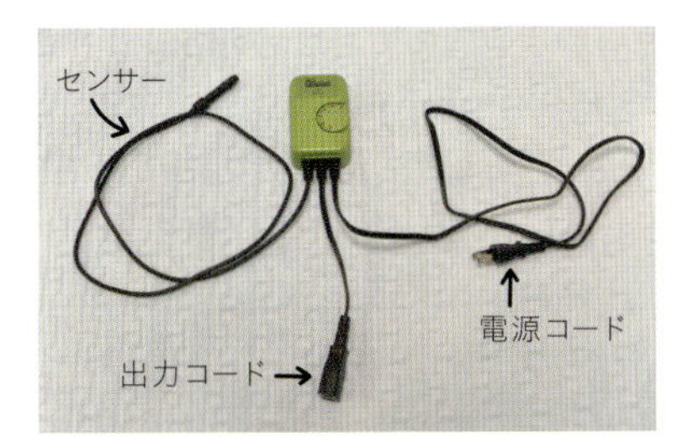

温度を測る感温部（センサー）、部屋側のコンセントに差し込むプラグコード（電源コード）、ヒーターを接続する出力コード（接続用コンセント）の3本のコードが出ています。

サーモスタットの設置方法

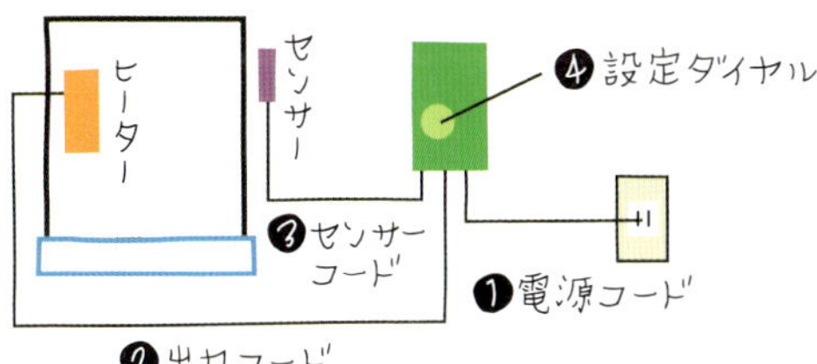

感温部（センサー）は、ヒーターから離れた位置に取りつけます。

保温器具の効果を確認するために、温度計設置も必須です。

サーモスタットは「一定の空間の温度を一定に保つために発熱装置の電源を入り切りするもの」という装置です。これは、鳥の生活空間がサーモスタットで設定した温度になるように、ヒーターへ送られる電気を入り切りするものです。

室温が20℃、サーモスタットを30℃設定にした場合、電源が入り、ヒーターへ電気が流れ、室温20℃から30℃まで上がっていきます。30℃になると電気が切れます。一定の温度が下がると、再び電気が入り、ヒーターがつくしくみです。

爬虫類向けの高性能サーモスタットは、2種の温度設定やタイマーとの連動も可能です。

ヒーターのつけ方

ヒーター等の保温器具を鳥の生活環境に取りつける場合は、「温度勾配」というものを意識して設置をします。温度勾配とは、生活環境内で高温の場所とそれより温度の低い部分をつくり、鳥自身によって好みの温度の場所へ移動して過ごしてもらうために温度差をつけます。

また、鳥がヒーターの上に乗ってしまっての火傷や、コード類をかじられない工夫が必要です。

ケージに適したヒーターを選ぶ

「何Wのヒーターをつければ、ケージ内を◯℃にできるのか?」と、設定方法を考える方もいると思いますが、ひとつの方法で簡単に思い通りの設定温度にすることは難しいでしょう。周辺温度・環境やケージのセット方法によって様々な結果が出てしまいます。おおよその目安としては、右の表のようになります。ケージに対して、必要なW数を選び、ケージをカバーなどで覆う工夫があれば、ある程度温度を保つことができます。

また、電球型のヒーターを使う場合は、断線時などの対策のために2個以上のヒーターを使用して、温度が上がり過ぎないようにサーモスタットでコントロールを行うのが理想です。

ケージサイズとヒータの目安

ケージのサイズ	ヒーターのW数
20	20w
30	30w
45	40w
60	60w
それ以上のサイズ	100W以上

ヒーターとビニールカバーを接触させない工夫

ヒーターを設置してまわりにビニールカバーをかける場合、ヒーターとビニールの接触に注意が必要です。みなさんいろいろと工夫されていると思いますが、我が家の方法をご紹介します。

まずは、料理用の網を使ってケージの天井を延長させます。網は傾かないように結束バンドなどで固定するとよいでしょう。

小型のキャリーを使ってガードする方法もあります。これなら放鳥中も鳥がヒーターの上に止まることがなく安全です。S字フックでぶら下げます。

上からかけるものについては、市販の鳥のケージ用カバーが便利です。ケージが大きかったり、ジャストサイズを求めるならば、ホームセンターなどで切り売りのビニールを購入しましょう。その場合、テーブルクロス用など、人が使用できるグレードを選ぶことをおすすめします。購入直後は素材からビニールの臭いがするので、広げて数日陰干ししてから使用しましょう。

ケージへのヒーターの設置方法

ケージの片側にヒーターを取りつけ温度勾配を設けるようにします。

この時、ヒーターを低い位置に設置しケージ全体をカバーで覆うことで、対流によってケージ内をまんべんなく暖めることができます。

ケージ内に温度差を設け、鳥さんに快適な場所を自ら選んでもらうようにしましょう。

料理用の網を天井に載せ、カバーする布やビニールがヒーターに直接触れないようにしています。

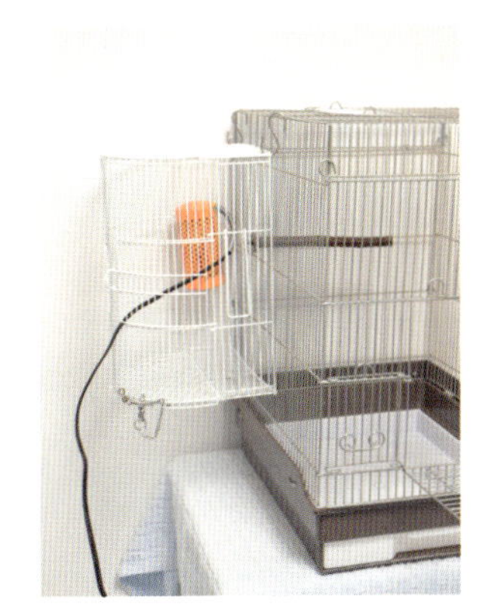

小型のキャリーの中にヒーターを設置して、S字フックでケージにぶら下げています。

愛鳥が示す快適温度のサイン

ケージに設置しているヒーターの温度が足りているか、愛鳥の行動を見てある程度判断できます。
ヒーターにくっついている場合は、必要とする温度になっていません。（写真上）。ヒーターからある程度離れていても、まだ温度が足りているとはいえません（写真中）。ヒーターから離れていれば、十分な温度といえます（写真下）。
温度の確認は暖かい昼間に行います。夜間は室内の温度も下がります。夜間は毛布などで覆うことによって温度の低下を防ぐことができます。
ケージの大きさに合わせて十分な容量のヒーターを設置し、それをサーモスタットを使って適切な温度に調整しましょう。

ヒーターの上に乗ってしまっている。明らかに寒い状態。

ヒーターから少し離れている。ヒーター付近は暖かい。

ヒーターから遠く離れている。ケージ内は十分な温度。

プラケース内の設置方法

基本的にプラケースの半分だけを暖めます。フィルムヒーターの場合はプラケースの下に敷きます。ひよこ電球を使う場合は片側側面に設置します。
ひよこ電球を設置する場合、樹脂製ケースは耐熱性が低いものもありますので、ブックスタンドなどを使用してヒーターがプラケースに接触しないように設置するとよいでしょう。
ヒーター等の熱源は、低い位置に取りつけると、上昇気流で空気が循環（対流）し、ケース内をまんべんなく程よく暖めることができます。

プラケースの下にフィルムヒーターを設置した状態。

ひよこ電球のメンテナンス方法

ひよこ電球タイプのヒーターの場合は、シーズン使い始めなどに点検と清掃などのメンテナンスが必要です。

電気製品は、水分（水浴びの水）、油分（脂粉・エサの殻）、ホコリや振動などが苦手です。

定期的に点検清掃などのメンテナンスを行うことによって、機能性が安定します。脂粉がたまると火災の恐れもあります。年にたった1～2度の手入れで済みますので、定期的に行いましょう。

ヒーターが新品の場合は、初回使用時のみ塗料の臭いが出る場合がありますので、鳥がいない環境で空焚きテストをしましょう。

メンテナンスの方法

1 カバーを外します。カバーにも鳥の羽根やほこりが付着している場合がありますので、布で乾拭きします。

2 電球を外します。

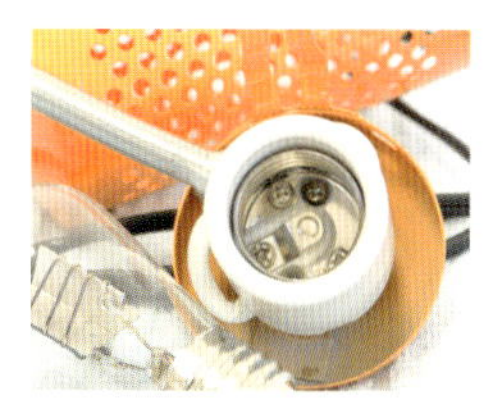

3 ソケットの中を点検します。電球が緩んだ状態で使用を続けていると、ソケット内の電極が痛む場合もあります。その場合は使用してはいけません。

4 電源コードを点検します。ケース内の白い断熱カバーが切れてしまっているもの、電源コードに傷があるものは使用禁止です。

5 電球を点検清掃します。ホコリなどは柔らかい布で乾拭きをします。電球のガラスの部分と、口金の金属部分にガタがないかも確認します。

6 組み立てます。電球を元通りに緩みなく取りつけ、元に戻します。写真のタイプの場合は電源コードの保護カバーをしっかりとフタに挟み込んでから組み立てます。

7 動作確認をします。電気が流れているか、異常無く温度が上がるかを鳥がいない状態で確認します。外側の金属カバーは70℃近くまで温度が上がるので、やけどに注意します。

鳥の看護について考える

ここからは、いざという時のことを考えてみます。まずは、鳥が病気など体調を崩した時の看護についてです。
鳥さんの看護時の環境を整える、という非常に重要な事柄ですが、基本は獣医師からの指示を最優先とします。

看護にプラケースを使う

看護が必要な鳥には、暖かい環境が必要になる場合がほとんどです。保温性を考えた場合、プラケースは普通のケージに比べて密閉性が高く、居室内を高い温度に保つ「保温」が比較的簡単に行えます。また、ケージに比べて鳥さんがアップダウンの動きをする必要がありませんので、安静を保ちながら暮らすことができます。

看護用プラケースの基本のセット

プラケースは保温性がありますが、基本的な止まり木やエサ入れなどは付属していません。飼い主が適当な大きさ、機能のものを選んで設置します。

・プラケース
・保温器具（ペットヒーターなど）
・温度計
・食器・薬入れ
・体重計（ごはん・薬の計量に使用）
・止まり木
・タオル
・フリースなど布カバー

まずはプラケースを置く場所を決めます。エアコンの風の当たらない場所で、後ろに壁があるといいでしょう。また、窓際など冷気が当たるところは避けます。
次に、保温器具をセットします。この場合はフィルム型のものを敷くか、ブックスタンドなどを利用して、ひよこ電球タイプの保温器具をセットします。プラケースに穴開けができる場合は、取りつけ用の金具を設置します。

ブックエンドを利用してペットヒーターを設置します。プラケースの横にそわせます。

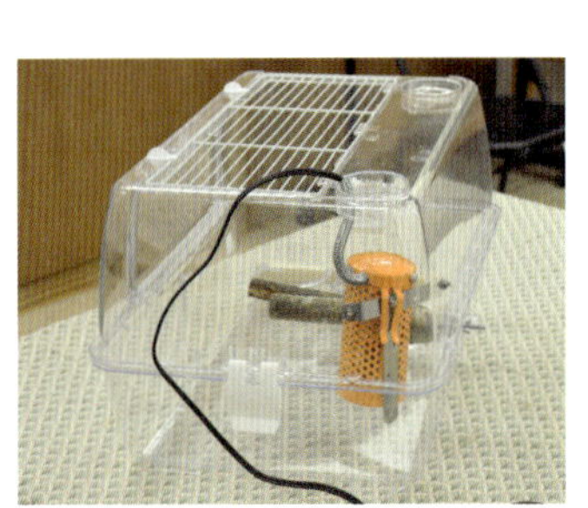

ケージやプラケースに穴開けができる場合は、とりつけ金具を加工してペットヒーターを設置します。

止まり木、食器をセットします。止まり木は鳥さんの大きさや体調、それにプラケースの大きさを考慮して1～2本入れます。

この際、止まり木は置き型の止まり木やプラケースの穴開け加工を行っての取りつけが理想ですが、間に合わない場合は市販の止まり木に洗濯バサミでも代用できます。この場合は、鳥が洗濯バサミをかじらないか、管理が必要となります。

食器は浅いもので、陶器などある程度重さのある物が使いやすいです。なるべく鳥が食べやすい形状のものを選んであげましょう。

そして、温度管理に大切な温度計を取りつけます。気をつけてほしいのは、温度計を床置きしてしまうと、鳥の生活空間が狭くなります。上側に取りつけるのがよいでしょう。取りつけ方は、ビニタイを温度計のフックを引っかける部分に結び、反対側は団子状に丸めて、フタで押さえます。

センサーコードの付いている温度計を使用する場合は、プラケース本体にコードの通し穴開けの加工が必要となります。このセンサーコードは折り曲げに弱く、フタで挟んでしまうと断線しますので注意が必要です。

温度管理は、「室温○○℃の時にプラケース内は＋○℃」と考えます。

プラケース内の温度計を見ながら、エアコンなどで室温を一定に保つように気をつけます。温度は患鳥さんにとってとても重要です。

プラケースに穴開けができる場合は、このように止まり木を設置できます。

止まり木を設置する穴がない場合は、洗濯バサミなども応急使用可能です。

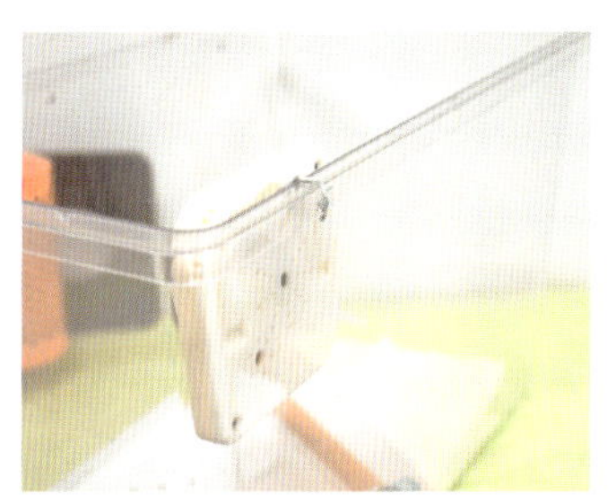

温度計をひもやビニタイで止めます。

看護グッズいろいろ

ここでは、いざという時に
使えるグッズの加工方法を
ご紹介します。

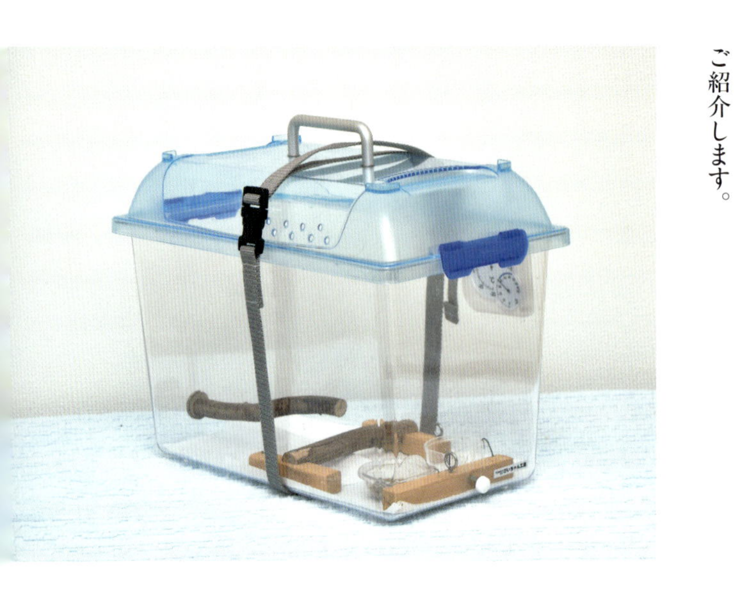

プラケースの穴開け加工

市販のプラケースに穴を開けて、
止まり木や温度計などを取りつける加工の方法です。
樹脂専用のドリルの刃を使用して、
慎重に開けていきます。

つくり方

1 裏側に当て板を当て、ドリルでゆっくり穴を開けていきます。強く押してしまうと貫通時に割れてしまいますので、注意が必要です。

2 バリをヤスリや1サイズ大きいドリルの刃で落とします。

3 温度計のコードなどの通し穴は、ドリルで穴開けした後に小型ノコギリでU字型にカットしても使いやすくできます。

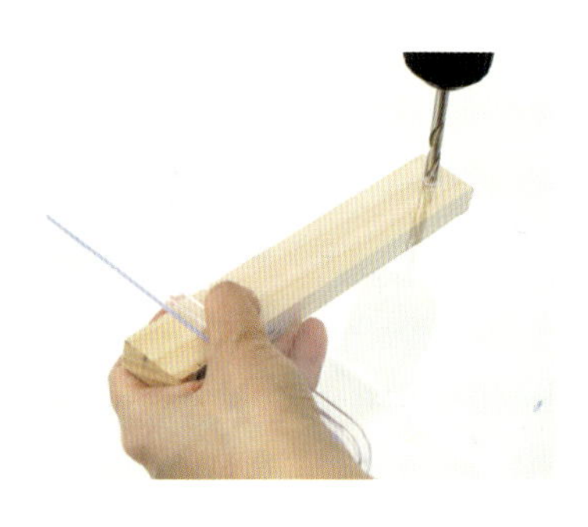

食器ハンガー

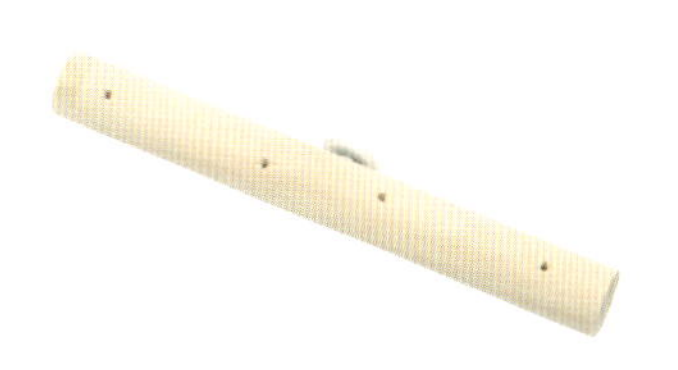

プラケース内で使用する
置き型の食器掛けです。
これを使用することによって、
食器の転倒がなくなる他、
狭いプラケース内を広く
使うことができます。

材料

15角SPF材
（140mm／φ15丸棒でも可）
小さいひーとん ……… 1個

つくり方

1 SPF角材をカットします。角材の中心を出し、半分ずつに50mm（食器の取りつけ穴）をけがきます。

2 角材の角より2～3mmの所に、2mmの穴を開けます。バリなどが残らないように紙ヤスリでキレイに仕上げます。

3 角材の中央にひーとんを取りつけます。

置き型止まり木

プラケース内での使用に適した、
H型の止まり木のつくり方です。
移動中でも揺れず、
ズレにくく鳥さんが安定して
止まれる他、敷き紙を押さえる
役目も果たします。

材料

天然木止まり木材
（150mm程度）……… 1本
15角　SPF材（100mm）
……… 2本
木ネジ ……… 2個
小さいひーとん ……… 1個
（おやつかけ用）

つくり方

1 天然木止り木を必要な長さにカットします。

2 台座となる角材をカットします。止まり木の両端を半分程度水平にカットします。必ず、左右の水平面が揃うようにヤスリなどで仕上げます。

3 止まり木と左右の台座を適切な寸法の木ネジで固定します。

4 アワ穂などをかけるためのひーとんをねじ込みます。

災害時の備え

市町村などで配布される、災害マップなどを日頃から準備しておきます。

「備える」という意識を持つ

私達の住む日本は、とても地震の多い国です。最近では気候変動による局地的な水害も多く、常日頃から災害に対する備えが必要です。

環境省では、災害時はペットとの同行避難を強く推奨しています。飼い主を失ったコンパニオンアニマルたちが野生化してしまったり、後に公衆衛生面での問題が発生するのを防ぐためです。つまり、「災害が発生しても、飼い主は自分のペットに責任を持ってください」ということです。ただし、避難所はペットと飼い主が全く一緒のスペースで過ごすことが難しい場合もあり、様々な状況を想定して災害対策をしておく必要があります。

まず自分の命を守る そしてペットの命を守る

鳥を飼っている人が災害対策としてまず考えることは「災害時愛鳥のために用意するものは何か？」だと思いますが……ちょっと待ってください！その前に基本的な災害対策としての情報確認から始めましょう。

・居住地域での避難所はどこか？
・居住地域での給水所はどこか？
・避難所や給水所までのルートは？
・自治会単位などでの避難所が開設される状況は、どのような場合なのか？

まずは、ごく当たり前のことですが、自分自身を守るための情報を確認しなければなりません。飼い主が無事でこそ愛鳥さんの命を救うことができるのです。

避難所は人が優先される空間

避難所は人が避難し安全を確保する空間であり、決して私達の自宅のように鳥たちがのびのびと過ごせる空間ではありません。

生き物が苦手な方、アレルギーを持っている方と同じ空間で過ごす状況が発生します。避難者の中には生き物が苦手な方がいることを前提とし、周囲の皆さんの迷惑、ストレスとならないよう十分注意します。

「助けてもらう」ことを考え「助ける」ことも考える

まず優先されるのは人命です。そして次に自分の愛鳥さんの命です。この2つが無事であること。そして、その次に、他の家の鳥達を救うことを考えます。

これは災害発生時の他、日頃から「万が一の場合は鳥を保護できる」という準備を整えておくことです。
では実際にどのような準備が必要なのでしょうか。
・備蓄食料（鳥用）を常に用意しておく。
・予備のケージを用意しておく。
・予備の保温器具を用意しておく。
・可能であれば、先住の鳥さんと別の空間を用意しておく。
そして、自治会やご近所さんなどに「うちには鳥がいます。迷子鳥保護などの場合は知らせてください」と伝えておくとよいでしょう。
ご自身の愛鳥さんの命を守れる飼い主さんは、他の方の愛鳥さんの命も守れます。日頃から意識して生活することが大切です。

通院やお出かけ、ホームステイこそ避難訓練

日頃の通院、お出かけなどはまさに「避難する」という移動のシミュレーションが行える環境です。小さいキャリーでの長時間の移動ではどうなるのか？　その場合の温度変化や、鳥さんの体調はどうか？
ただ避難用のキャリーを買って用意するだけではなく、愛鳥さんと実際に移動するとどうなるのか、愛鳥さんは落ち着いてキャリーで過ごすことができるかを体験しておくことが大切です。
また、普段からホームステイで預けたり預けられたりすることは、愛鳥さんの社会化とともに、慣れない他のお宅で過ごす訓練を安全な状態で行えるといえます。

災害時に頼れる施設とレスキュー

災害発生時、認定NPO法人TSUBASAをはじめ、地域のペットショップ、動物病院などで鳥さんの一時保護や鳥さん用の食料の配給や手配があった例が過去にあります。被災地外の施設がハブステーションとなり、支援品の手配や一時預かりの手配を行った例もあります。
しかし、これらの施設が被災側になる可能性もありますので、情報を常にウェブなどで確認しておきましょう。

キャリーでお出かけをする練習をしているオカメインコのハルちゃん。

鳥のお友達同士で、ホームステイをしてみましょう。慣れない場所で過ごす訓練もでき、鳥の社交性も身につきます。

鳥の非常持ち出し袋

人間用の非常用持ち出し袋は用意しているかもしれませんが、その中に鳥用の食料や保温器具は入っていますか？　この項では、具体的にどんなものを用意すればよいかご紹介します。

・**鳥の食料**…普段食べているシードやペレット、おやつ類など。できれば一週間分以上が望ましいです。

・**鳥の飲み水**…水道水を汲み置きしたペットボトルを用意しておきます。ミネラルウォーターの配給品や購入品を与えるのは、鳥の体調に影響が出る場合があります。日頃から飲み慣れているものを用意しましょう。

・**保温器具等**…使い捨てカイロなどの応急保温具、邪魔にならないフィルムヒーターなど、日頃のペットヒーターよりも力不足ですが、ないよりはましです。フィルムヒーターはかさばらず落としても壊れませんので、電気の使える場所では有効です。

・**保温用カバー**…毛布、タオル、非常用アルミシート、段ボールなど保温のためのカバーや目隠しになります。厚手のものの方がよいです。

・**ケージロック用具**…ひも、ガムテープなど、ケージをしっかりロックできる用具が必要です。プラケースのフタが開かないためにひもやバンドで縛るなど、混乱のなかでケージが倒れたりしても、愛鳥さんが外に出てしまわない対策が必要です。

・**大きいビニール袋**…ケージやプラケースがすっぽり入るビニール袋をとっておきます。目隠しカバーになる他、キャリーなどのレインカバーにもなります。

・**名刺**…飼い主の連絡先などを書いた名刺があると、愛鳥を預けたり、預かったりする場合に便利です。

・**懐中電灯**…軽く邪魔にならない小型のものがベストです。省電力のLEDタイプのものであれば、貴重な乾電池を有効に使うことができます。

ローリングストック法という考え方

例えば未開封のシードを「1」と考え、普段の食事として1袋のシードを開封した場合、ただちに次の1袋を買ってストックしておく、という方法です。自宅には常に未開封の鳥さんの食料を1袋備蓄してある、という状態になります。備蓄してあるものを普段の食事として消費もしますので、常に新しいものがストックとなります。

飲み水も同様に、常に消費と追加を繰り返しておけば、災害時に水道が使えなくなっても鳥さんのための新鮮な飲み水の確保はできます。

常に余分のストックを用意しておき、避難所では他の鳥さんのために分けてあげられるくらいの備えが理想です。

あなたの災害用袋に鳥用品も加えましょう！

ぴいちゃん工房

武田　毅

自分の連絡先がわかる名刺です。いざという時には紙やペンがない場合が多いです。印刷しなくても、手書きでいいので数枚用意しましょう。

移動する時に必要なものを揃えてみましょう。エサ入れはストックの大きな袋からタッパーウェアなどに小出しにしておくと便利です。ペットボトルには水が入っています。

懐中電灯はLEDのものを選ぶと電池が長く持ちます。

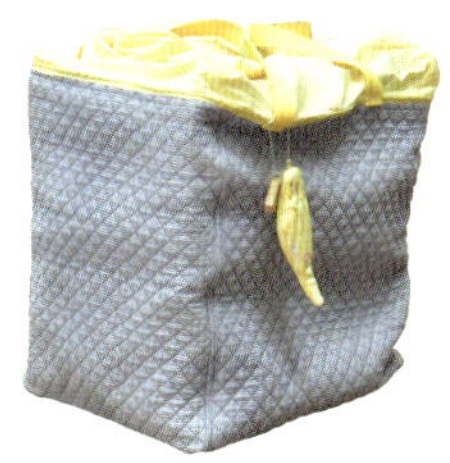

ケージを運ぶバッグは、保温用カバーにもなります。ケージの寸法に合っているので、斜めになりにくく重宝しています。バッグの代わりに大きなタオルや毛布でもOK。

自宅のシードやペレットは、1つ開封したら、新しいものを購入して常にストックが1つあるようにします。

有事の際は転倒したり、置いていたケージに足が引っかかったりすることも想定されます。はずみでケージやプラケースが開かないようにひもやバンドで固定しましょう。

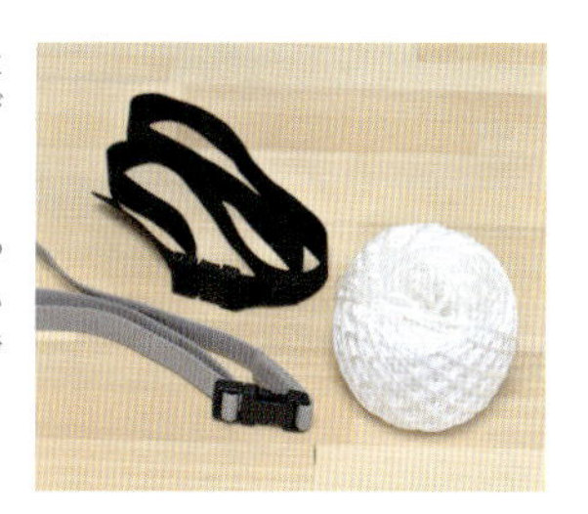

災害時は電気が使えない可能性も高いので、使い捨てカイロは必ず用意しておきましょう。

災害避難に備えたキャリーの準備

避難などに備えたキャリー（ケージ）の加工をご紹介します。これは、筆者宅の鳥たちが、お出かけや通院の際に使用しているものです。

愛鳥がアクティブに動いたり、飛行能力が高い場合、避難先などでお世話のためにケージの扉を開けると飛び出し事故の危険性があります。この項では、ケージや止まり木など移動に適したものの選び方、器具の使用方法などをご紹介します。

ケージの選び方と補強

まず、一番大切なケージは、天井部分がアーチになっていない四角いものを選びましょう。これは、多頭飼いの場合などは重ねることができます。多頭飼いの場合は、116ページで紹介する仕切板も便利です。

そして、ふん切り網が底のトレイと一緒に引き出せるものが適しています。ふん切り網が引き出せないものは、ケージを分解しなければ掃除ができません。自宅の場合は放鳥をしながら掃除ができますが、避難先などでは鳥をケージの外に出すことはできません。

次に、ケージの組立部分はすべて結束バンドで止めましょう。横転、落下などを想定して結束バンドで補強をします。特に、左右から爪を差し込むだけで固定される底板は、左右方向から力がかかっただけでたやすく落下してしまいますので、ここは特に丈夫にしておきます。

止まり木は固定する

止まり木類はすべて固定タイプとします。はめ込むだけの止まり木は落下の恐れがあり、落ちてしまうと底板の出し入れができなくなることもあります。そのため、止まり木はネジ止めタイプを選びましょう。

また、初級編でご紹介しました「両ネジタイプの止まり木」をケージと底板のはめ込み部分辺りに取りつけると、ケージの補強の役目も果たします。

食器は外から出し入れできるタイプ

市販の食器で、ケージの外側から差し込むタイプのものがあります。これを利用すれば、ドアを開けずに食料と水の補給ができます。また、底板トレイからはふん切り網を外しトレイに食料を撒くだけでも、外出になれたアクティブな鳥さんであれば食事をとれるはずです。

日頃から通院やお出かけの際に使っているセキセイインコのぴいちゃんの移動用キャリー。扉が開閉しないよう、ナスカンで留めています。

止まり木はネジで固定できるものを使用します。

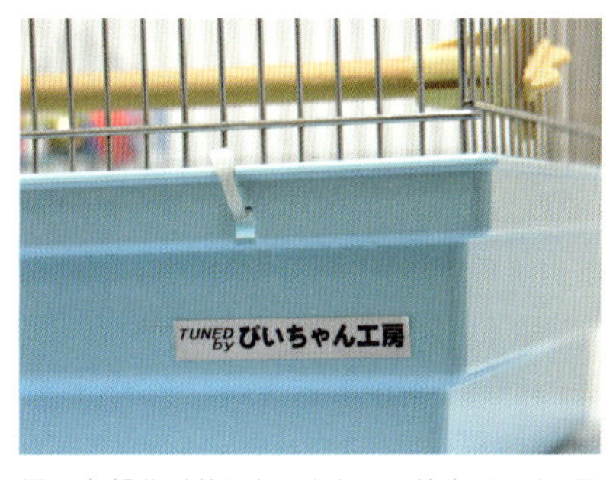

網と底部分が外れないように、結束バンドで固定しています。

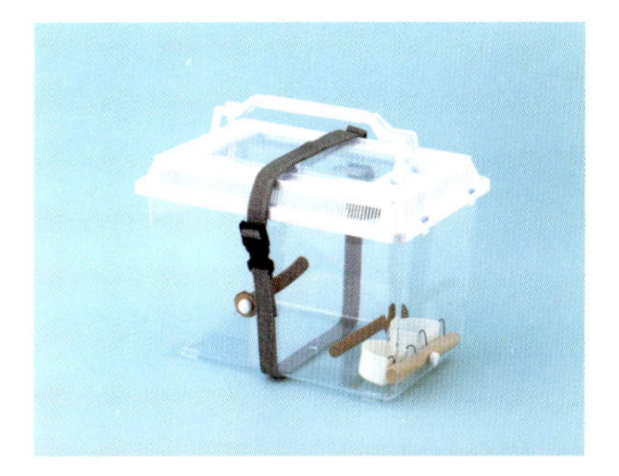

プラケースを使う場合もバンドなどで固定します。

ケージの外側から差し込むタイプのエサ入れ。

多頭飼いにおすすめ「仕切板」

避難などの場合、持ち出せるものが限られます。
そこで、小型ケージに仕切板を使うアイデアをご紹介します。
中央を2つに区切る形で仕切板を取りつけます。
この場合は、中央のドアは使わず、
左右にある食器用のドアから出入りしてもらいます。

つくり方

1 ケージの内寸で幅と高さを測り、その寸法でプラ段ボールをカットします。

2 底板に合わせて下部両端を斜めにカットします。底板の引き出しが出し入れできる寸法にします。

3 ケージの横網線の位置に合わせて、4mm程度の穴を開け、結束バンドでプラ段ボールを固定します。

材料

プラ段ボール……… 1枚

プラ段ボールは紙の段ボールより強度があり、水に濡れても大丈夫な素材です。カッターで切ることができ、扱いやすい素材です。

HOEI

保温用アクリルケース

アクリルのキャリーや保温ケースは、特別注文などで購入できますが高価格のものが多いです。

そこで、こだわり工房ではアクリル素材の扱い方をご紹介します。カッターやアクリル用のドリル刃があれば加工することができますが、重量があり、傷がつきやすいので取り扱いはなかなか手を焼きます。アクリル素材自体も高価なので、もしかすると特別注文で購入したほうが安くつくかもしれません!?　しかし、せっかくDIYが楽しくなってきた方ならば、愛鳥のためにジャストサイズのものをつくってあげてはいかがでしょうか。

材料

アクリル板
- 天板（500×300mm）……1枚
- 側面（450×300mm）……2枚
- 後面（496×450mm）……1枚

補強用アクリル角材
- （5mm角×296mm）……2本
- （5mm角×445mm）……2本
- （5mm角×480mm）……1本
- （5mm角×495mm）……1本

ナベネジ（M4×10mm）……2個
大ワッシャー（6mm）……2個
アクリル専用接着剤

使用する道具

アクリル用カッター、
電動ドライバー、
アクリル刃、
ブックエンド、
養生テープ

つくり方

1 サイズは適宜、ケージに合うようにカットします。作例は幅320×奥行260×高さ385mmのケージに合うように製作しています。

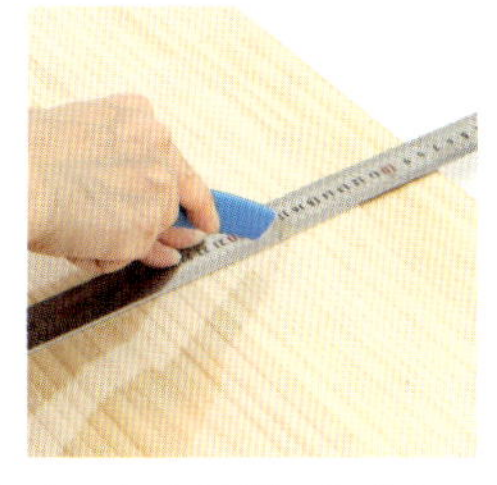

2 カット方法は、まずカッターで溝をつけます。

3 2でつけた溝で折るイメージで、圧力をかけます。

4 直角を出して、ブックエンドなどを利用してテープで固定します。

5 固定した角にアクリル専用接着剤を流し込み、乾くまでそのまま置きます。

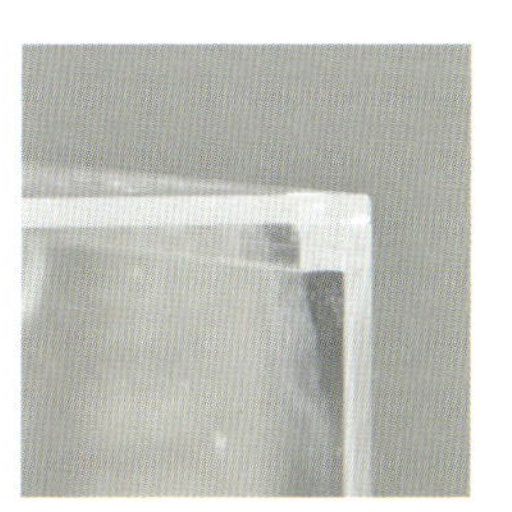

6 板と板の接着部分に補強材として角材をアクリル専用接着剤で接着します。

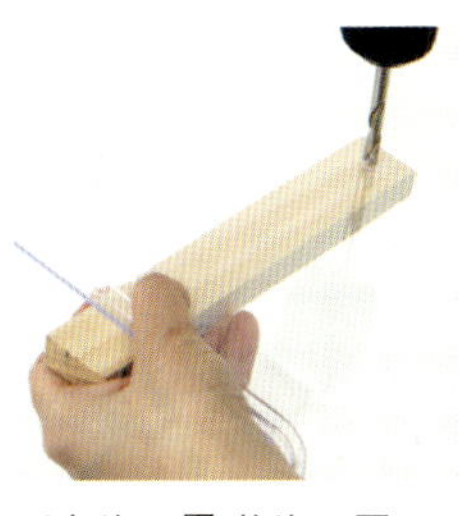

7 アクリル用ドリル刃で、天井部分にゆっくり穴を開けます。当て木をすると、アクリル板が割れにくいでしょう。

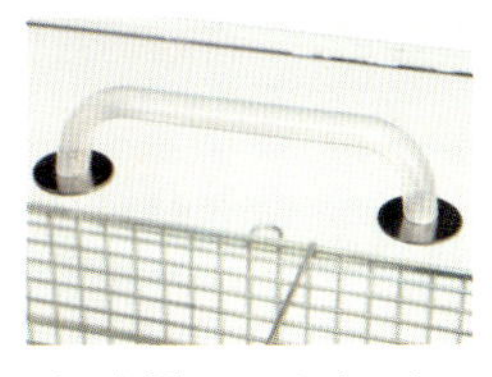

8 バリを取ってから、ナベネジとワッシャーで持ち手を取りつけます。

Column

鳥さんが喜ぶ
ひと手間
3

ケージ改善大作戦

飼い主さんから「この子のケージをもっと快適にしたい」というご相談を受け対応した例をご紹介します。

白文鳥のぽんちゃんは、いつもケージ前面の網線に張りついている状態です。手前に付属の止まり木はありますが、そこはほとんど使いません。扉についている止まり木には、ふんがつくことが多く、食器入れも汚れがちです。

就寝場所のつぼ巣はそのまま使用したい、という希望をくみ「止まり木で落ち着いて過ごせる環境」を提供するために改善しました。

止まり木の配置と木材の種類

まず、文鳥はホッピング（前に跳ねる）という動作で移動するので、枝分かれの止まり木を数本配置しました。さらに、食器類はケージの下側、隅に配置します。食器の上に止まり木はつけません。

ケージ内は上下2層とし、止まり木の間をジャンプして移動する他、飛んで上下運動ができる空間を設けました。ケヤキの枝分かれ止まり木2本をメインに、左奥に縦向きに1本。ケージ付属の長い止まり木は補強を兼ねて後ろ下側に1本取りつけし、付属T字はお休み場所として手前左側上部に取りつけました。天然

これまで使っていたケージでは、側面に張りつくかつぼ巣かブランコが居場所でした。

いつも前面の網に張りついているので、止まり木やエサ入れにふんが落ちてしまっていました。

木と併用することで、付属の加工木止まり木もバリエーションとなります。

ケージ後面は壁付け配置を考慮し、左奥の縦の止まり木はキャリー取りつけタイプを使用、取りつけねじの後面への飛び出しはありません。手前下側の枝分かれ止まり木は、食器へのアクセスの他、手のりドアからのケージ内出入りがしやすいようにしてあります。

食器の取りつけ方

鳥さんが食べやすい位置と、飼い主さんが管理しやすい場所を考慮して位置決めをします。この文鳥のケージの例では、右側のエサ入れ用のドアからお世話ができる位置にしてあります。

食器の位置を決めてから、止まり木の高さの調整をします。

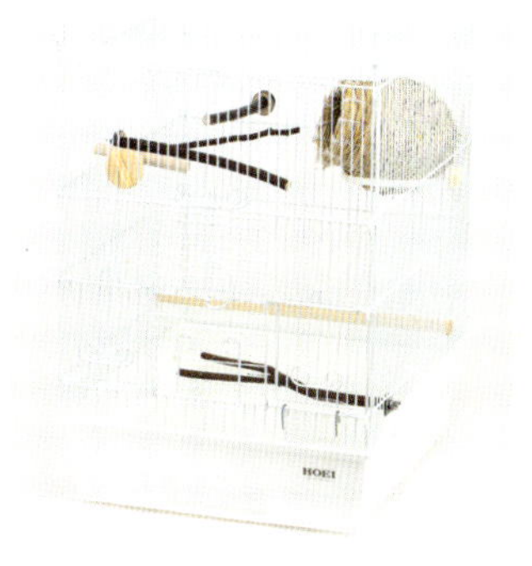

ケージを買い替え、「HOEI手乗り35」にしました。ホッピングする文鳥に合うように、二股に分かれた天然木の止まり木を多めに設置します。

止まり木とエサ入れが重ならないようにずらしてセットします。これからは止まり木でリラックスできることでしょう。

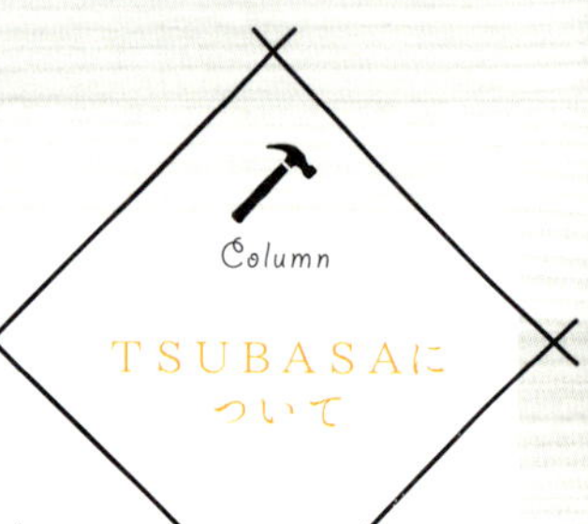

TSUBASAについて

認定NPO法人TSUBASAは、埼玉県新座市にあるコンパニオンバードの保護施設です。さまざまな理由から、飼い主と一緒に暮らせなくなった鳥たちを保護し、新しい里親を探す活動を行っています。我が家の愛鳥・セキセインコのおもちもTSUBASAからお迎えしました。

常に100羽以上の鳥たちが暮らしており、わずかな人数の職員の方々と、ボランティアのみなさんによって運営されています。「人・鳥・社会の幸せのために」を基本理念とし、愛鳥家の飼養に関する知識の底上げを目指した勉強会なども開催しています。筆者が受講した講義の内容は、この本の執筆にも活かされています。

TSUBASAには、施設1階に「バードラン」という部屋があります。利用するには会員登録（年齢が1才以上で、年1回以上の健康診断とクラミジア検査陰性が必要）をしていただくと、ご自身の愛鳥さんとご利用が可能です。

安全面・衛生面で鳥さんを中心に考えられているバードランは、社会化の練習や他の鳥さんとの接触など、愛鳥さんにとっても飼い主さんにとっても非常に有意義な場所であると考えています。

また、私自身はプロボラ（プロフェッショナルボランティア）という立場で、施設整備や止まり木づくり、ふれあい愛鳥塾の設置やイベント運営のお手伝いをさせていただいております。

TSUBASAの外観。1階窓の外側には、鳥たちが日光浴できるスペースになっています。

施設の開放日など詳細はウェブサイトをご覧ください。

https://www.tsubasa.ne.jp

TSUBASAの取り組み

施設で暮らす鳥たちは、広い中庭の中で自由に飛び回ることができます。一般公開日には、スタッフの方々が鳥に関する情報を提供してくれます。

「Meet The Bird」通称MTBと呼ばれている里親会の様子です。施設で暮らしている鳥達が、新しい飼い主さんと出会うイベントです。

施設内はスタッフとボランティアによって、常に清潔に管理されています。

愛鳥家の知識向上のため、定期的に講演会等も行っています。

「愛鳥祭」で行われたふれあい愛鳥塾は大盛況。私も設営などお手伝いをしました。

あとがき

モノづくりは、コロンブスの卵であり、妄想をどう具現化させるかです。実際の作業では、実に様々な選択・考慮・配慮・工夫が必要となります。しかも、使うのは私達人間ではなく「鳥達」です。空を飛ぶための羽を持った彼らは、私達とは違う行動をします。彼らにとって必要なものは何かを飼い主は日頃から考える必要があると思います。

しかし、人の生活のすべてを鳥に合わせるのではなく、人と鳥の暮らしを上手にリンクさせることが大切なのではないか、と私は常に考えています。愛鳥にとって安全で快適な環境は、飼い主の肩の荷を少しだけ下ろしてくれます。飼い主のリラックスした状態は、きっと愛鳥にも伝わることでしょう。愛鳥とのくつろぎのひと時に、ぴいちゃん工房のノウハウを活かしていただければ、こんなに嬉しいことはありません。

現在、鳥の飼育についての考え方は、昔ながらの飼い方と最新の飼育方法と、様々な情報が入り乱れている状況です。飼い主は、その混在している情報の中から、自分と愛鳥にとって何が有益な情報なのか、何が正しいのかをしっかり見極める必要があります。常に飼育情報に対してアンテナを張り、勉強しなければなりません。

ぴいちゃんと暮らし始めた頃、鳥の飼育に詳しい方から、「自分がぴいちゃんの立場だったら、どういう環境で暮らしたいか、という視点で考えてみたら？」と言われたことがあります。この一言は、私とぴいちゃんの暮らしに大きな影響を与えてくれました。1羽で使うには大きすぎる位のケージ、おいしい食事、十分な運動量と暖かい寝室。彼はこの環境の中での暮らしを通して、私に対して様々なことを教えてくれました。私は飼い鳥に必要な基本的なお世話をしていただけですが、ぴいちゃんはひとりで大きく育ち、私の方がぴいちゃんに育ててもらった、というのもまた事実です。

私達と暮らす鳥達は、豊かな感情と自己表現力を持っています。愛鳥をただ一方通行で愛玩するのではなく、コンパニオンアニマル（伴侶動物）として対等な立場で向き合うと、彼らにより強く寄り添えるかもしれません。

ここで、みなさんにぜひ知ってもらいたい「鳥の飼い主への十戒（鳥の視点から）」をご紹介します。

この「鳥の飼い主への十戒」は、２００１年、米国ガブリエル財団のシンポジウムで、アメリカの著名な愛鳥家ジェーン・ホランダー氏が、「日本の愛鳥家のみなさんと愛鳥さん達のために役立てて欲しい」と、ＴＳＵＢＡＳＡの代表の松本壮志氏に託されたものです。今回、この本を書くにあたり、許諾をいただき転載させていただきました。

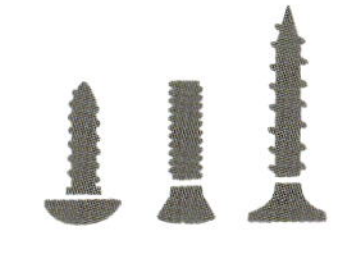

「鳥の飼い主への十戒（鳥の視点から）」

1. 私は、10年かそれ以上生きるでしょう。飼い主と別れるのは、大変辛いのです。お家に連れて帰る前に、そのことを思い出してください。
2. あなたが私に望んでいることを理解する時間をください。
3. 私を信じてください。それが私の幸せにとって重要なのです。
4. 長い間私に対して怒らないでください。罰として閉じ込めたりしないでください。あなたには仕事と娯楽があり友達もいます。私にはあなたしかいないのです。
5. 私に時々話しかけてください。あなたの言葉が理解できなくても、話しかけてくれれば、あなたの声はわかります。
6. あなたがどのように私を扱っても、私はそれを忘れません。
7. 私を叩く前に、私にはくちばしがあって、あなたの手の骨をたやすく噛み砕いてしまうこともできるということを思い出してください。でも私は噛みません。
8. 私を協力的でない、ガンコ、だらしないと叱る前に、そうさせる原因があるかどうか考えてみてください。たぶん適切な食べ物をもらっていないか、ケージにいる時間が長すぎるのです。
9. 私が年老いても世話をしてください。あなたも年をとるのですから。
10. 私が最期に旅立つ時、一緒にいてください。「見ていられない」とか「自分のいない時であってほしい」なんて言わないで。あなたがそこにいてくれれば、どんなこ

とも平気です。あなたを愛しているのだから。

TEN COMMANDMENTS OF PARROT OWNERSHIP —From a parrot's point of view—
By Jane Hallander
翻訳：ぷーまま・DREAMBIRD 奥村仁美
（認定ＮＰＯ法人ＴＳＵＢＡＳＡホームページより転載）

この「十戒」の文言は、私達愛鳥家の糧となり、「生き物を飼うには愛情と責任を持って終生飼育」という基本理念を伝えてくれているとともに、飼い主が愛鳥とどう向き合うべきか、愛鳥から飼い主への愛情がいかに深いものかを示しています。

現在、愛鳥さんと暮らしている飼い主のみなさん、そしてこれから愛鳥さんのお迎えを考えている方にも、ぜひお読みいただければと思います。

最後になりますが、このような本を執筆させていただけたことをとても光栄に思っています。たくさんの方のアドバイスやお力添えのもと、なんとか形にすることができました。また、この本を読んでくださった愛鳥家のみなさんと愛鳥にとって、穏やかなくつろぎの時間が末永く続くことを望んでやみません。最後まで読んでくださって、本当にありがとうございました。

我が愛鳥　ぴいちゃんに感謝を込めて

武田　毅

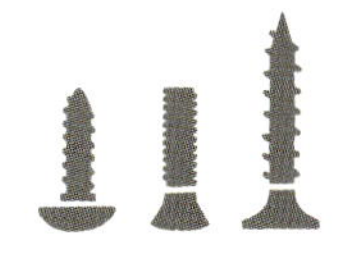

著者

武田 毅（たけだ・たけし）

東京都多摩市出身・在住。エンジニアとして産業機械関係の実務を約25年経験。愛鳥ぴいちゃんとの暮らしをきっかけに、認定NPO法人TSUBASAに施設整備ボランティアとして参加。出張バードランの会場設営、各イベントの運営サポートなども担当。後に「ぴいちゃん工房」を主宰し、止まり木や愛鳥さんのための看護グッズを製作。個人イベントの同鳥会「セキセイインコ会」の開催、地域のボランティア活動にも取り組み、居住団地管理組合の大規模修繕委員会、夏祭り実行委員会、市民交通モニターなどに参加。国家二級自動車整備士、乙種四類危険物取扱者などの資格を有する。

ぴいちゃん工房
https://ameblo.jp/pchan-works/

スタッフ　デザイン（カバー・本文）：小野口広子（ベランダ）
勝山友紀子　古賀亜矢子（ワンダフル）
写真・スタイリング：蜂巣文香
写真（ステップ等）：青柳敏史
編集協力：戸村悦子

協力　認定NPO法人TSUBASA
"鳥爺"松本壮志
FUKUROKOJI Café

鳥モデル協力　田澤 昌幸／うたちゃん（コキサカオウム）
黒澤 日出子／羽留ちゃん（オカメインコ）、燁ちゃん（アキクサインコ）、
成ちゃん（セキセイインコ）
福田 菜穂子／いちごちゃん、つぼみちゃん、みのりちゃん（コザクラインコ）
稲垣 歩／アリちゃん（シロハラインコ）
岡島眞里子／ルーカスさん（ヒメコンゴウインコ）
後藤 美穂／ジェリー・ボン・ボヌール兄さん（コミドリコンゴウ）
damahouse／かんたくん（ヨウム）、ぽんちゃん（白文鳥）
ぴいちゃん工房／ぴいちゃん、おもちちゃん（セキセイインコ）

［参考文献］
『インコのきもち』 松本壮志［監修］（メイツ出版）
『もっとインコと仲よく暮らす本』 すずき莉萌［著］（誠文堂新光社）
『ペットは人間をどう見ているのか』 支倉槇人著［著］（技術評論社）
『愛鳥のための健康手づくりごはん』 後藤美穂著［著］（誠文堂新光社）

参考Webページ
環境省　http://www.env.go.jp/
東京都多摩市　http://www.city.tama.lg.jp/
WIKITECH　http://wikitech.info/
株式会社八幡ねじ　https://www.yht.co.jp/index.html
昭和精機工業株式会社　http://showaseiki.net/71295/

愛鳥のための手づくり飼育グッズ

DIYでうちの子にぴったり　鳥が快適・幸せに暮らせる

2018年4月15日　発　行　　NDC 647

著　者　武田 毅
発行者　小川雄一
発行所　株式会社　誠文堂新光社
〒113-0033　東京都文京区本郷3-3-11
（編集）電話 03-5800-3625
（販売）電話 03-5800-5780
URL http://www.seibundo-shinkosha.net/
印　刷　株式会社大熊整美堂
製　本　和光堂株式会社

ISBN978-4-416-51838-0